中小学生最爱的
科普丛书

天文的故事

TIANWEN DE GUSHI

田 雨 编

U0607467

时代出版传媒股份有限公司
安徽科学技术出版社

天文的故事
TIANWEN DE GUSHI

前 言
FOREWORD

自古以来，人们就对自己头顶的星空充满了向往，无论是在神话之中，还是在传说故事中，还是在平凡的历史记录之中，几乎到处都有关于星空的记载和传说，这些故事和记录构成了古代天文学。近代天文学的兴起改变了人类对星空的看法，通过望远镜，我们发现了宇宙中存在着许多以前不为人知的天体和现象，这些现象足以让任何一个爱好天文的人吃惊。继而出现的现代天文学更是把人类的观测能力和关于宇宙的认识向前发展了一大步，星空不再是一个只有光明和黑暗的世界，而是一个色彩绚丽的世界，吸引着许多人来关注。

在编撰本书的时候，笔者尝试将枯燥的天文知识融汇进有趣的故事里面，让那些对天文现象感兴趣但是却不精通理论分析的读者也能够了解现代天文学辉煌的成果，领略宇宙天体的魅力和神秘。

目 录

CONTENTS

宇宙

宇宙的创生

▼ 约150亿年前，宇宙很小，很热。一次大爆炸使它开始了膨胀和变化的过程，而这种膨胀和变化至今仍在继续进行着。

奇怪的中微子

微观粒子和它们的反粒子会发生湮灭作用，成为一对光子，但是中微子却是一个例外。中微子不像其他粒子那样，它虽然也有反粒子，但是它却有一个特殊的本领，就是极少和其他粒子进行相互作用，即使它们离得足够近，科学家们把这种作用称为弱相互作用。在弱相互作用中一般都有中微子的身影，并入中子在衰变为质子和电子的时候就会产生中微子。中微子对宇宙非常重要，它的质量决定着宇宙的命运。

中微子

大约在140多亿年或更久以前，在一个奇怪的区域聚集了今天宇宙中所有的物质，这里完全不同于我们现在的这个宇宙，我们今天发现的所有物理规律在这个区域里都失去了作用，所以没有人知道这个区域在开始扩张以前是什么样子。在随后极短的时间里，这个蕴含巨大物质的区域失去了控制，发生了后来绝无仅有的大爆炸，开始扩张自己的范围，原始的宇宙在这个扩张过程中诞生了。

有的研究者认为像宇宙诞生前的状态的区域并不只有一个，而是有很多个，这样后来宇宙发生的一些事情就可以比较容易地解释了，像恒星的形成，等等。在爆炸的初期，宇宙中不存在我们现在已知的有质量的物质，充斥着整个宇宙的是各种能量很高的电磁辐射。在其后很短的时间里，随着扩张，宇宙具有了足够的空间，这样，那些能量大小合适的电磁辐射就开始转化为性质（一般认为是电荷属性）相反的粒子对，爆炸产生的能量使这些粒子向着远离爆炸区域的地方高速飞去。在扩张的时候，因为宇宙体积的增加，单位体积内的能量比原来减少了许多，宇宙整体的温度也开始急剧地下降，这促使更多的原始粒子出现，于是物质间的各种作用也开始出现了。最先出现的是伴随着有质量的微观粒子而生的引力作用，但是这个时候引力作用十分微弱，也有研究者认为当时的万有引力作用比现在要强大得多，但总而言之，引力对微观粒子的影响很小。在这个过程中宇宙中形成了中微子、电子和其他一些粒子及它们的反粒子。强相互作用、弱相互作用和电磁作用也开始出现。

这个时候，宇宙是一个充满了微观粒子的时空区域，它被人们形象地称为"煮锅"，在这个不断扩大的锅里翻滚着由光子、电子、中微子和它们的反粒子组成的滚烫的热流，其中还夹杂着少量的中子和质子。

以上过程虽然极其复杂，但是它们是在大约1秒钟的时间里完成的，也就是说，大自然在1秒钟的时间里创造了这个宇宙，但是大自然还不满意宇宙的状态，于是在各种作用下，宇宙进一步地发展，而大自然也不断地展示自己伟大的创造能力。

在爆炸大约 100 秒以后，宇宙的体积扩大了很多倍，温度也降得很低了，大约是 10 亿摄氏度，相对于现在来说，这个温度的确是非常高，但是在那个时候，这个温度为更重的粒子的出现提供了环境。因为温度的降低，粒子的运动速度也降低下来，于是它们之间开始在一种更强大的作用下相互结合在一起。真正改变宇宙的作用是强相互作用，一种依靠粒子间交换强大能量而发生的作用，在这种作用下，许多粒子开始结合在一起，比如中子和质子组合在一起，形成氢的同位素氘和氚，这两种元素是现在主要的聚变原料。这个时候也会因为湮灭反应而失去一些粒子，但是总的来说粒子的总数目还是在暴增。大约半个小时以后，宇宙的温度降低到了 3 亿摄氏度，降低的幅度太大了，以至于核子之间难以接近和合成重核了。这个时候宇宙初期的合成反应中止了，下来就只剩下宇宙区域的扩张行为了。在大爆炸发生大约 30 万年后，宇宙的温度已经降低到了 3 000 摄氏度，在电磁作用下，中性原子开始出现。也许这些中性原子遇到了来自其他爆炸区域的原子，它们碰撞在一起，形成一个新的创造区域，恒星将在这里诞生。

大爆炸与其他宇宙模型相比，它能说明较多的观测事实。它的主要观点是认为我们的宇宙曾有一段从热到冷的演化史。在这个时期里，宇宙体系并不是静止的，而是在不断地膨胀，使物质密度从密到稀地演化。

宇宙的背景辐射

宇宙是在大爆炸中诞生的，爆炸中释放的辐射席卷了整个宇宙范围，并留下了自己的印记，宇宙背景辐射就是众多印记中的一个。宇宙的温度是由辐射等效而来的，因为只有由粒子组成的物体系统才能具有温度，具有不同温度的物体可以产生不同的辐射，而辐射可以不依赖物体而独立存在于宇宙空间里，就像地球上存在空气的地方就会有大气压一样，但是气压不等于空气一样。大气压可以等效为一定质量的空气，那么辐射当然也可以等效为温度。在宇宙发展中，宇宙背景辐射为宇宙的演化提供了一个极好的环境，促使宇宙向着现在这个状态发展。在宇宙发展过程中，宇宙背景辐射也在变化，在宇宙诞生之初，环境温度非常高，这个时候宇宙的温度高非常高，对应的背景辐射频率非常地高，所发出来的绝大部分电磁辐射的频率都要比可见光的大，换而言之，宇宙发生爆炸时的明亮程度要比你所想的小得多，它很可能是一片昏暗，期间夹杂着偶然出现的光点。

随着宇宙温度的下降，宇宙背景辐射的频率也急速下降，这是因为随着空间的扩张，那些高能量的电磁辐射因为被吸收或转化而减少，物质之间互相作用时只发出能量更小的电磁波。当宇宙的温度降低到几万度的时候，宇宙开始进入蓝色辐射期，这时

来自宇宙背景探测器的背景辐射图

候宇宙背景辐射的频率在可见光的高端，蓝色成为主要的辐射区，如果我们能回到那个时代去，那么我们看见的宇宙不是现在这个黑漆漆的世界，而是一个闪耀着幽蓝色光的世界。

宇宙的扩张看来是不可阻挡的，至少在宇宙诞生后 30 多万

美国贝尔电话实验室的阿诺·彭齐亚斯和罗伯特·威尔逊

年的时候是如此，当时宇宙的温度已经降低到几千度，宇宙背景辐射也是以红光辐射为主，这个时期宇宙处于绯红时期。从这个时期开始，大量的氢开始出现在宇宙中，这些氢成为恒星形成和维持的主要物质来源。

这个时候的宇宙开始产生分化，一些区域因为物质密集而能够维持自己的温度，并产生强大的万有引力，在万有引力的作用下，这个区域开始收缩。在收缩的时候，物质的运动变得剧烈起来，因此温度也增加了，相应的辐射能力也增强了；在那些物质稀疏的区域里没有什么力量能使粒子停留住，因此这里的粒子会越来越少，相应的温度也降低了，辐射也降低了。但是这些都不会对宇宙背景辐射产生影响，因为宇宙背景辐射是一种广泛存在于宇宙之中的存在，而且自从恒星开始发光以后，背景辐射频率已经很低了，恒星所发出的辐射无法改变背景辐射。即使在没有物质粒子存在的地方，宇宙背景辐射依然稳定地存在，不会因为区域的改变而发生变化。

现在宇宙背景辐射已经降到了微波区，它对应于波长大约 7.35 毫米的微波，等效温度是 2.7K，即只比绝对零度高 2.7K，而对由大量原子组成的物体来说，在理论上是不可能达到绝对零度的。

宇宙背景辐射的发现

早在 20 世纪 30 年代伽莫夫提出宇宙大爆炸理论的时候，就预测宇宙中存在大约 5K 的背景辐射，但是这项工作在当时没有受到关注。在 1964 年，工程师彭齐亚斯和威尔逊在调试天线的时候，偶然发现一个电磁噪音，无论他们如何努力，都无法消除这个噪音。后来他们发现这个噪音普遍而稳定地存在于宇宙之中，他们的发现被发表以后，立刻就被人们证实。宇宙微波背景辐射成为支持宇宙大爆炸的最有力的证据之一。

恒星

恒星的形成（一）

接下来大自然向我们展示了它伟大而神奇的创造能力，它要在虚无缥缈的空间中创造出许多点缀宇宙的明亮光源，虽然这个制造过程会花费很多时间，但是它最终还是开始了。宇宙温度的降低为氢分子云形成星云创造了机会，温度的降低意味着氢分子移动速度减少了，而向不同方向运动的氢分子相遇，形成一个聚集区。这个区域可不是一个瓶子，它覆盖的范围超出人们的想象，在氢分子大量聚集的区域里逐渐形成了气团。这个时候，万有引力的作用开始表现出来，在一块气团的中心，或者是多个质量中心，因为这里的气团更加密集，所以这里的万有引力也比其他地方强，于是氢分子向着质量中心移动。

现在的理论显示：氢分子云是以螺旋的方式向着质量中心移动的，因为氢分子在移动的时候会互相撞击，这样它们的运动方向就会发生改变。而在万有引力的作用下氢分子不得不向着中心移动，这样它们就以螺旋线的方式向着质量中心移动，大量氢分子云都以这样的方式运动，于是就在质量中心之外形成一个旋涡。

制造恒星是一个辛苦的工作，它不仅要有合适的物质条件，还要花费巨大的时间，幸好对宇宙来说，时间是足够的。现在人们认为恒星是在宇宙创生 70 亿年后开始大量形成的，但是一些科学家根据新的观测，提出宇宙中第一批恒星在宇宙诞生 20 亿年后就出现了。直到今天，人们对恒星的起源时间

一片正在形成年轻恒星的广阔区域。巨大的星云、数千颗恒星、强烈的星风构成了无比壮观的景色。图像中心附近的一片亮蓝色为 R136，那里是新生的恒星集中的地带。

N11B 是 N11 星云的一部分，它的大小约有 100 光年而且特别活跃。天文学家研究 N11B 内的恒星，发现它实际发生过三次恒星诞生活动。在影像的右上角，可以看见包着即将诞生出恒星的黝黑、结实的尘埃球。

仍然有争论，但是有一点是确定的：恒星的诞生是必然的，每一个能感受到阳光的人都会认为这是天经地义的事实。

对"活着的"恒星来说，它们最大的特征就是向宇宙空间中不断地发出辐射，这些辐射就包括着可见光，因此恒星是照亮宇宙世界的明灯。恒星既然要发光，那么它的温度就必须达到一定高度，这样会消耗很多能量，这些能量来自于恒星上物质的燃烧。氢是组成恒星的主要物质，它就是恒星燃烧的燃料，它们用核子合成的方式来产生强大的能量，维持恒星的温度。当一个氢原子核和另外一个氢原子核融合在一起的时候，它们的质量就会减少，消失的质量转化为能量，这些能量一般以电磁辐射的方式传播。初始的电磁辐射能量很大，但是经过多次吸收和转化以后，它会变为几种能量更小的电磁辐射，或者变为促使粒子加快运动的能量，成为粒子的一部分。合成反应并不是随时都可以发生的，它需要苛刻的条件，不然我们的地球就有大麻烦了，如果地球上的水中含有的氢发生聚变，就会在一瞬间把地球摧毁。

以上所说的是一颗恒星形成所需要的条件，如果这些条件得到了满足，那么一颗恒星的诞生也就几乎成为必然了，形成恒星的物质中还包括许多其他物质，但是以目前的观测来看，这些物质在原始恒星中占有的比例非常小。

星际分子的发现

宇宙大爆炸学说认为在宇宙存在氢分子和其他分子，它们因为某一些原因没有成为恒星的一部分，所以只好游离在宇宙空间中，形成星际分子。在 20 世纪 60 年代，天文学家们在分析星体传来的辐射的时候，发现了一些奇怪的辐射，经过研究，发现这些辐射正是由飘散在星际间的分子发出的。这样，许多原来不解的现象得到了合理的解释，所以星际分子的发现成为 20 世纪天文学四大发现之一，也成为大爆炸学说的一个有力的证据。

恒星的形成（二）

褐矮星 OTS 44

　　在万有引力的作用下，氢分子云进一步向质量中心坍缩，质量中心的物质也变得更加密集，质量也增加了，狂暴的气体剧烈地运动着，在运动中互相撞击，也许有一些氢分子已经开始合成更重的元素——氦。但是这个时候还不行，因为合成反应需要合成物质足够密集，这样问题就转化为恒星内部的压强上，只要压强足够，氢分子的聚变反应就会被启动。

　　引力坍缩最终在气团的内部造就了一个原始的恒星，而随着越来越多的物质附着在原始恒星上，恒星上产生了剧烈的变化，恒星内部在发生剧烈的变化，氢分子运动的速度越来越大，原始恒星内部也越来越热。当恒星内部温度达到上千万度的时候，此时氢分子的数目也足够多，于是聚变反应启动了。随着剧烈的爆炸，一个新恒星在宇宙中诞生了，大自然也完成了它的又一个杰作。在地球上，我们可以很安全地利用太阳光，但是太阳不用考虑安全问题，它尽情地燃烧自己的组成物质，释放出大量的辐射，其他类似的恒星都是如此。早期的恒星发射出更多的辐射，它们的聚合反应使自己核心的温度猛增，也许高达上亿度，恒星表面的温度也非常地高，有数10万度，因为这个时候的

这团正在分娩的尘埃和气体云气，将来会产生三个大质量恒星，这张红外光影像记录了宇宙中恒星诞生的征兆。

恒星体积很小，热量也更容易传达到表面。

这些发出明亮的蓝色光的恒星在宇宙中展示着自己作为继宇宙大爆炸后大自然的又一杰作的自豪和骄傲，它们的温度达到了宇宙诞生后几分钟时的水平，发出的亮光使宇宙不再那么昏暗，灿烂的夜空在那个时候就开始形成了。

第一批恒星的诞生改变了宇宙的面貌，它们温度非常高，以至于自己内部许多粒子无法忍受这样的高温，都以很快的速度逃离这个炼狱般的世界。逃离出来的粒子急速地冲向宇宙空间，它们的行为改变了恒星周围的物质分布，高速运动的粒子使恒星周围物质加速，逃离恒星的引力范围，使恒星周围成为星际气体的禁区。与此同时，恒星释放的电磁辐射已经使许多气体分子从自己周围逃跑了，也就是说，一颗开始燃烧的恒星很难再吸收星际气体，它的质量也因为燃烧而不断地下降。不过因为恒星的质量一般都非常大，而恒星每年损失的质量非常地小，所以恒星可以存在很长时间，一颗像太阳那样的恒星可以存在 100 多亿年。

恒星的形成只是宇宙发展中一个必然的过程，它不是终结，大自然显然不愿意停止自己创造的脚步，它继续向前走，宇宙继续向前发展。在相互吸引的作用下，恒星之间也产生了联系，这种联系使它们走到一起，构成了更加复杂的天体。

这个时候，宇宙成为一个舞台，在这个舞台上，恒星们上演了一场宏伟巨大的表演，这个表演有开始，但是没有人知道它会不会谢幕。

在这张庞大的银河星云 NGC 3603 的美丽图片中，哈勃望远镜一次性抓拍了恒星生命周期中的各个不同阶段。

恒星的组成物质

19 世纪中期，科学技术取得了一些进展，人们对宇宙的认识也得到了很大的进步。他们已经认识到太阳是一个巨大的、温度极高的火球，任何靠近的物体都会在一瞬间被熔化，因此当时很多人相信"人类永远也不可能知道太阳是由什么组成的"。实际上不要说那个时候，就是现在，人类都没有登上太阳的能力和技术，在未来很可能也是如此，如果不是太阳发出的光送来了自己的组成物质的信息，也许我们真的永远都不会知道太阳是由什么物质组成的。

每一种元素的原子，只要它在运动，都可以发出电磁辐射，很多元素的原子在变动的时候都会发出可见光。但是一种元素只能发出一种或者几种特定的可见光，如果某一种频率的可见光只能由特定的元素原子发出，那么这个频率的光称为这种元素的特征谱线，相应的这些原子也会吸收特征谱线，在连续光谱上留下暗条。

19 世纪中期以后，一些科学家在拍摄日食时日冕发出的光谱线的时候，发现其中存在一些暗条，显然这是因为太阳发出的特定的光被一些元素吸收而造成的。他们根据这个发

行星状星云 NGC 6302 的中心有一颗极端炽热的中心星，表面温度高达 25 万摄氏度，因此会发出强烈的紫外光。此图这颗中心星被一个环状的致密尘埃云挡住了，所以看不到它。在这颗炽热恒星周围的尘埃云气里，天文学家侦测到水冰与各种复杂的碳氢化合物。

现，找到了一些组成太阳的元素。现在人们发现氦是宇宙中含量第二多的元素，但是在地球空气中氦的含量非常低，以至于人们很久都没有发现。通过分析太阳光谱，人们发现一条以前没有见过的吸收谱线，这代表着一种新元素，这种元素就被称为氦，但是没有得到科学界的承认。过了很长的时间以后，化学家才从空气中分离出单质氦，证明了这种元素的存在，这下人们才相信太阳也是由元素组成的，这些元素在地球上就有。

由哈勃太空望远镜所拍摄的红矩形星云影像里，可看到 X 形和阶梯状结构。这个饱含尘埃的云气，原来被发现是个很强烈的红外线辐射源。现在天文学家认为它内部的冰质尘埃微粒和碳氢分子，形成于它中心一颗老化恒星所流出冷物质流之中。

除了太阳以外，其他恒星也可以发出可见光，这些可见光也揭示了它们的组成物质，现在这种利用光谱分析星体成分已经成为天文探索中常用的手段。利用光谱，科学家们发现太阳中存在大量的氢元素和氦元素，同时还有碳、氧、氮和更重的元素原子。这样，人类不用登上太阳，就可以知道太阳是由什么组成的，虽然现在这些也许只是初步的了解，但是毕竟开创了一条正确的探索道路。

恒星也一样，它们表面的组成物质也会吸收特定的光线，在恒星光谱上留下暗条，这样就可以通过分析恒星光谱来判断恒星的组成物质。恒星处于不同的年龄，它们的组成物质也有不同，年轻的恒星含有更多的氢，而且它们的重元素含量也比老年恒星多，这样人们就可以通过分析恒星元素含量来推测恒星的年龄，这也是推测恒星年龄的一个重要的方法。

恒星的组成元素虽然和地球上的差不多，但是因为恒星特殊的性质，其上的物质状态非常复杂，不能把上面的物质与地球上类似的物质等同起来，比如太阳表面物质和地球上的岩浆。

重元素的诞生

所有超氢元素的原子核都是由中子和核子构成的，超氢元素也是在合成反应中诞生的。氢可以通过聚变成为氦，只要条件合适，氦也可以发生合成反应，生成更重的元素，这样持续下去，就会有更重的元素产生。那些原子量很大的元素很难合成，但是一些质量比较大的恒星可以完成这个任务，并把一部分重元素抛洒到空间中，或者在超新星爆炸中把这些重元素抛散到空间中，成为宇宙尘埃或者其他新恒星的组成部分。

恒星的命运

　　就人类目前的认识，我们知道大自然喜欢对称性，它创造出一种事物，那么这种事物在某种程度上总存在着对立的一面，既然恒星有诞生，那么它们也会死亡。这并不是说恒星诞生就是为了死亡，在漫长的生命周期里，它们会经历许多变化，这些变化是如此绚丽多彩，以至于我们情不自禁地想要了解它们，了解它们的命运。

　　像人一样，恒星也有自己的婴儿期，这个时候恒星刚刚诞生，它们具有许多属性。恒星的形成需要许多物质，这些物质都是来自宇宙空间，而这些物质中有许多来自那些成年恒星释放的重元素，所以新生的恒星中重元素的含量非常高。婴儿期的恒星体积很小，但是质量却很大，而且氢的含量更多，所以它的温度也非常地高，其表面的物质分子的运动速度也相应很高。现在，在一些演化到后期的星云中经常可以发现那些新生的恒星。

　　恒星不断地燃烧着自己，向宇宙空间中发散光芒和物质，在这个过程中，它们自己的质量也在不断地减小，伴随着质量的减小，自身的引力也在减小，辐射能量的能力也在减小，唯一增大的就是它的身体了。在恒星成长的时候，因为引力的缩小，它的体积也在逐渐扩大，表面的温度也在降低，这个时候的恒星表面温度在2万摄氏度左右，散发的辐射区偏蓝，因此这个时候的恒星看起来是蓝色或者蓝白色。这一段时期是恒星的蓝色少年时期。

　　恒星的一生：（1）分子云中比较浓缩的部分开始瓦解；（2）它逐渐形成一个旋转的圆盘，其中心区域更加浓缩，更为炽热；（3）一颗恒星发热燃烧并释放喷射物质；（4）恒星越来越热，越来越亮；（5）接着，核反应开始，直至死亡。

随着恒星释放出明亮的白色光，它也步入了青年时期，这个时候恒星的辐射区主要集中在绿光区，但是因为绿光容易被吸收和分解，与恒星上的物质释放的其他不同颜色的光

▼ 赫罗图

混合在一起，使整个恒星变成了一个散发白光的物体。恒星的青少年时期属于恒星的主序星时期，这个时期的恒星体积增长得比较缓慢，这是因为星核的引力比较强大，使恒星表面难以迅速扩大。

当恒星发出黄色光的时候，它们表面的温度就降低到8 000摄氏度以下，和以前相比，它更加庞大了，这个时候恒星进入了金黄色的壮年时期，这个时期的恒星依旧是主序星时期。对于像太阳这样的恒星，主序星时期大约持续70多亿年，也就是说恒星的大部分时期都出现于主序星时期。处于青少年时期的恒星也可能会经历体积收缩的情况，而处于壮年时期的恒星能稳定地辐射能量，自身的体积也在稳定地增长，向着生命的末期——巨星阶段不可逆转地增长。

巨星是恒星生命的最后阶段，这个时候恒星的核心已经彻底丧失了对外部物质的束缚，因此恒星的体积也在急剧地膨胀。一般来说，这个时候的恒星表面温度只有2 000多摄氏度，散发出红色光，但是因为它们体积庞大，所以它在宇宙中更容易被观察到。像太阳这样的恒星在生命的最后阶段会变成红超巨星，体积增大了10多亿倍，有一些巨星因为质量比较大，最后可能会转化为黄超巨星或者蓝超巨星。

如何区别恒星年龄

在现代天文学得到快速发展以后，恒星研究成了天文学一个十分重要的研究领域，为了区分不同的恒星，科学家们绘制了一幅表示不同阶段的恒星特征的图，这种图被称为赫罗图。利用赫罗图，我们可以初步判断一颗恒星所处的时期和它们表面的温度。

变星

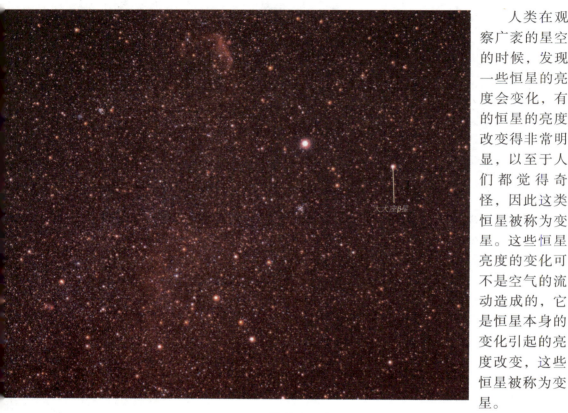

人类在观察广袤的星空的时候，发现一些恒星的亮度会变化，有的恒星的亮度改变得非常明显，以至于人们都觉得奇怪，因此这类恒星被称为变星。这些恒星亮度的变化可不是空气的流动造成的，它是恒星本身的变化引起的亮度改变，这些恒星被称为变星。

大犬座β星在天空中的位置

通过科学家的努力，我们了解了一些关于变星的秘密。根据现在所知的，造成星体亮度变化的原因很多，比如恒星的周期性类新星爆发、新星爆发和周期性星体遮掩，都会对人们观察到的恒星的亮度产生影响。根据恒星亮度变化原因的不同，变星也被分成不同的类型，以方便人们识别变星的种类。

恒星体积的周期性改变是引起恒星亮度变化的一个很重要的原因，它起源于恒星的脉动，大犬座β星就是这一类变星。大犬座β星的表面温度有 20 000~30 000K，处于赫罗图中主序星的顶端，它的质量大概是太阳的 10~20 倍，它处于体积不断反复变化的时期，而且它的光变周期非常短，只有 2.4~7.2 个小时，但是它的亮度变化的幅度非常小，所以不要指望用肉眼观察它的亮度的变化。实际上，科学家们是利用飞行在宇宙空间中的探测卫星来判断大犬座β星的光度变化的。位于金牛座的黄超巨星金牛座 RV 星也是一颗变星，它的亮度的改变也是因为恒星脉动引起的，不过它的光变是不规则的，这与黄超巨星活动的不规则有关系。心宿二的亮度变化也是恒星本身的脉动引起的。脉动变星是宇宙中最常见的变星，在人类目前发现的所有变星当中，有一半以上的变星是脉动变星。

恒星的类新星爆发和新星爆发也会引起恒星亮度的改变，当恒星发生类新星或新星爆发的时候，恒星会向宇宙空间中抛洒大量的物质，辐射能力也大大增强，因此它的亮度也随之大增，这类变星被称为爆发变星。最出名的爆发变星是离我们最近的比邻星，它是一颗红矮星，因为它十分暗淡，所以直到 20 世纪人类才从望远镜中发现了这颗恒星。比邻星会发生短时间的闪爆，这样它的亮度就会急剧增加，但是即使如此，人们还是只能借助仪器观测它的亮度的变化，比邻星的合成反应非常慢，科学家推测它可以活上千亿年。天箭座 FG 就是类新星爆发变星。

最后一大类变星就是运动中互相遮掩而造成恒星亮度变化的变星。这一类变星至少是双星，当双星中较暗的伴星遮挡住明亮的主星的时候，主星的亮度就减少了，这类因为恒星运动造成亮度减小的变星被称为几何变星。最出名的几何变星就是有"魔星"之称的大陵五了。

在宇宙中到处都是变星，但是有很多变星只能通过精密的观测仪器才能探测到，因为它们的亮度改变非常得小。有的变星变化的辐射区不在可见光区，比如紫外区，超出了人眼观测的范围，像这样的变星在地球上很难观测得到，只有用装载在卫星上的紫外探测器才能发觉。

变星的数量和观测

现在人类观测到的有记录的变星超过了 30 000 颗，还有数千个恒星被认为是变星。天文学家花费数 10 年的时间对变星进行系统的观测，可以获得关于恒星长期演化规律的数据，并获得变星亮度变化规律，并为特定的变星分类。现在通过研究变星，天文学家和物理学家们获得了许多关于天体演化及物理过程的观测数据，这些数据为人类科学的进一步发展提供了基础。

英仙星座的大陵五星是一颗食变星，光变在 300 多年前已经被发现。

——大陵五星

米拉变星

人类最早发现的这类变星是鲸鱼座欧米克容星（鲸鱼座o星），它的常用名字是米拉星（mira）。1596 年 8 月 13 日，德国天文学家大卫·法布瑞克斯在寻找水星的时候，无意间发现一颗星的亮度改变了，但是他却以为这是一颗新星，因为不久这颗恒星就从视野中消失了。40 多年后，也就是 1638 年，另外一位德国天文学家约翰尼·霍沃德通过研究以前的资料和观察，确定了法布瑞克斯发现的不是新星，而是一颗亮度能够改变的恒星，它的亮度变化周期大约是 11 个月。随后，这颗恒星被命名为米拉，就是"完美"的意思。现代的天文学家通过米拉星的光谱变化来分析它的亮度的改变，认为"米拉变星的光谱看起来如此美丽"。

> ▌ 米拉变星是脉动变星，特征是颜色非常红，周期超过 100 天，而且光度变化超过一个视星等。

米拉星距离地球约有 420 光年，它是一颗正在走向死亡的冷红巨星，质量还没有太阳质量大，但是它的星核目前还有足够的质量来吸附自己外围的物质，其表面温度大约是 3 000K，它内部的物质合成反应产生的压强推动着它的外部物质向外扩散，增大自己的体积，于是它的亮度也随之增加了。当米拉星的体积增加到一定程度的时候，恒星内部的物理条件也发生了变化，合成反应受到影响而减弱，恒星内部的压强又开始减小，于是在万有引力的作用下，整个恒星又开始收缩，亮度也随之减小。简而言之，米拉星是一颗依靠恒星脉动改变亮度的变星。因为米拉星是

有记载以来最早被人类发现的长周期脉动变星，所以现在天文学家们把长周期脉动变星也称为米拉型变星。

在大约 300 多天的变化周期里，米拉星的亮度改变非常明显，它的视星等从 2 等一直变化到 10 等，不过著名的天文学家赫歇尔曾经观测到米拉星的视星等接近 1 等。在最亮的时候，它的亮度使它成为天空中最明亮的恒星之一，它闪耀着绚丽的橘黄色辉光，可与附近天空中最亮的恒星争辉；在最暗的时候，它隐身于茫茫的宇宙之中，使人们用肉眼无法寻找到它的踪迹，似乎从天宇中彻底地消失了。正是因为这样，当米拉星在天空中大放光彩的时候，许多业余的天文爱好者都要一睹这颗神奇变星的风采。

米拉星距离地球约 400 光年，它的体积变化十分巨大，如果把米拉星放在太阳的位置上，当它膨胀的时候，甚至可以将火星轨道吞进自己的肚子里。在膨胀的时候，米拉星会向外喷发大量的物质，有时候这种喷发非常剧烈，这样也会增加米拉星的亮度，也许赫歇尔正巧遇到这样的事情，所以他观测到了可能是有史以来最亮的米拉星。

除了米拉星以外，另外一颗著名的米拉型变星是天鹅座灿星（天鹅座 χ 星），它的亮度变化周期大约是 408 天，在变化期间，它的星等从 3 等降低到 14 等，也是一颗从较为明亮转变为肉眼不可见的恒星。类似的变星还有长蛇座 R 变星，它的变化周期约是 389 天，星等从 3.5 等变化到 11 等，变化范围非常广，也容易观察。这些变星都是业余天文爱好者观测的主要对象之一，它们的变化为我们增添知识和无尽的乐趣。

▶ 除了米拉星以外，另外一颗著名的米拉型变星是天鹅座灿星（天鹅座 χ 星）。

米拉星在天空中的位置

当米拉星达到最亮的时候，它是所在的天空区域里最亮的一颗恒星之一，因此很好辨认。鲸鱼座是一个很大的星座，这个星座的顶端是一个由五颗星构成的不规则五边形，沿着这个五边形向下，如果看到一颗橘红色的亮星，那就是米拉星。

激变变星

　　船底座伊塔星（η Carina）是银河系中一颗十分引人注意的变星，它是通过类新星爆发的方式改变自己的亮度的。1677年，英国天文学家哈雷发现了这颗恒星，当时它的星等只有4等，从这以后，它的亮度增长就被天文学家记录下来了。1730年的时候，船底座η星的亮度猛增，成为一颗明亮的2等星，1782年的时候又落到了4等星。在1801年的时候，它的光芒又一次次在夜晚的星空中闪耀，不过9年后又恢复了老样子。从1820年开始，船底座η星的亮度持续增加，在随后的几年里，它从一颗4等星逐渐变为1等亮星，在后来的5年里，它又回落到2等。1833年的时候它的亮度剧烈增加，成为一颗0等亮星。这样的状态持续一段时间以后，1843年4月，船底座η星的亮度已经接近−1等，成为天空中亮度仅次于天狼星的星体，当时的天文学家们猜测它发生了超新星爆发。从这之后，这颗恒星亮度持续降低，到1868年的时候，这颗新星"熄灭"了，人们看不见它了，认为它会变成一个星云。

　　船底座η星是一个离我们约有10 000光年距离的恒星，据估计它的质量超过了100倍太阳质量，在最亮的时候，它的表面亮度是太阳的400万倍。这是一个生命旅途坎坷的恒星，但是它却没有在爆发中死亡，因为它巨大的质量可以阻止超新星爆发。不过它的一次次变亮也证明了它也处于不稳定的晚年，类新星爆

　　船底座伊塔星是银河系中一颗令科学家十分注意的变星，在1837~1856年突然变得很亮，成为天空中仅次于天狼星第二明亮的星，但是它离地球比天狼星还远80倍。

伊塔星

哈勃望远镜拍摄到的船底座伊塔星一对巨大的翻腾中的气体尘埃云

发会慢慢损耗它的质量和内部的抵抗力，最终，在万有引力的主宰下，它的组成物质会向着中心收缩，收缩为一个强大的天体，很可能是黑洞。像这类变星就被称为激变变星，在内部的重核合成反应没有完全停止以前，船底座η星是不会就这么收缩下去的，它只是在为下一次变亮积累力量，当内部的压强重新超过万有引力产生的引力压的时候，船底座η星就会重新闪耀光辉。

从1940年开始，船底座η星又开始爆发，它的亮度也开始提升，到了1953年的时候，它的视星等从8等提高到7等，从那以后，它的亮度稳定而缓慢地提升。到了20世纪90年代初期，它的星等达到了6等，一个人们不用借助仪器就可以用肉眼直接看见的星等。在1998~1999年的时候，船底座η星的亮度突然提高，现在人们还不清楚是什么因素促使它的亮度在持续不断地增加后，仍然可以突然增加，同样也难以回答这类奇怪的变星在未来会如何发展。

船底座η星的周围还有很多大质量的恒星，这些恒星的变化也差不多，它们向宇宙中吹出无尽的恒星风，或者通过类新星爆发向周围空间喷发出大量的物质。超大质量的恒星的寿命都不长，大概只有几百万年，船底座η星向空间中抛洒的大量物质围绕在它的旁边，和其他恒星喷发的物质组合起来，形成一个壮观的星云——船底座大星云。这个星云距离地球约有7 000光年远，是宇宙中最华丽和美丽的星云之一，它虽然是由垂死的恒星创造的宇宙奇景，但是也将成为孕育新恒星的伟大摇篮。

船底座η星的命运

因为质量巨大，船底座η星变得非常不稳定，不断地向宇宙空间喷发出大量的物质，依照现有的恒星结构和演变理论，它只有几千年的寿命。科学家们对船底座η星的质量大小也有不同的看法，他们选取的模型参数不一样，计算出来的恒星质量也就不一样，现在有人计算的船底座η星的质量是太阳的120倍。

新星和超新星

在古代，天文学家们经常发现一些奇怪的事件，在一片黑暗的天区突然出现一颗明亮的恒星，但是这样的恒星都有一个习性，它们只在空中呆上一段时间，然后就从人类的眼睛中消失了。这样的恒星就好像来天空做客一样，所以古代中国天文学家称这种恒星为客星。

现在通过天文学家的观察，我们知道了客星实际上是一颗恒星步入死亡时的标志，它们通过爆发，把自己外围大量的物质抛洒向宇宙空间，在这一瞬间，它们损失的能量和物质相当于一颗年轻的恒星几亿年时间里向空间中辐射的能量和物质。恒星的这种爆发称为新星爆发，如果一颗恒星的质量比较大，那么它的爆发规模将会非常大，这样的新星爆发称为超新星爆发。

中国古代的科学家对超新星爆发有着非常丰富的记录，这些记录对现代的科学研究有着非常重要的价值，最有名的一次超新星记录就是金牛座超新星爆发。在 1054 年 7 月 4 日，一颗明亮的恒星突然出现在天空中，即使在白天，人们也可以看见它的光辉，这样的景况持续了大约 23 天，然后这颗客星的光芒慢慢地消褪了，至少在白天看不见了。但是在晚上，人们依旧可以看见这颗明亮的客星，据推测，当时这颗客星是星空中亮度最高的恒星。不过这颗客星的亮度在持续减弱，在天空出现了近两年的时间后，到了 1056 年 4 月 5 日，它从人们的视线中彻底地消失了，再也看不见了。就这样 700 年过去了，1731 年，一位英国天文爱好者在用望远镜观测天空的时候，在金牛座找到了一

2004 年 7 月 31 日，日本天文学家发现的超新星 SN 2004dj（箭头所指）。它在银河系以外，距离约 1 100 万光年。尽管它非常遥远，仍是 10 余年来所观测到的最近的超新星。箭头所指为超新星，左下亮区域是星系 NGC 2403。

个形似螃蟹的星云，后来科学家推测它产生的时间，发现这正是 1054 年 7 月出现的那颗超新星爆发后留下的遗迹，这个星云因为它的形状而被命名为蟹状星云。

现在蟹状星云是著名的梅西叶星团星云表中的第一号天体，代号是 M1，它是一个距离我们地

仙后座超新星遗迹。星云外部明亮的绿环，直径约 10 光年。图像左上喷出大量气体 X 光检查显示出喷气富有硅原子和铁原子。明亮的蓝色几乎纯粹由铁气体组成。

球大约 6 500 光年的星云，现在它周围的气体以每秒上千千米的速度向宇宙中扩张。在这么遥远的地方，一颗超新星爆发发出的光能够在白天被人类用肉眼看见，可以想象这颗死亡的恒星向太空中发出了多么巨大的能量。

新星为我们提供了许多关于恒星演化的资料，通过观测新星爆发，我们可以知道一颗恒星，比如我们的太阳，未来发展的命运，同时也完善了我们对恒星的认识。我们相信在宇宙中时刻在发生新星或者超新星爆发，但是它们被人类观测到的机会很少，因为人们的眼睛或者望远镜并不总是恰好对着一颗发生爆炸的恒星，毕竟现在科学家还不能准确地预报新星爆发，而且很多遥远的恒星发生的新星爆炸并不能被观测到。不过好在绝大部分新星爆发总会持续一段时间，这也给了人类更多机会来观测一颗处于爆炸中的恒星。

新星和超新星爆发产物大多是一个飘散在宇宙中的各式星云，一颗新星的爆发时间如果不是很长，那么人们还是有希望看见它们留下的恒星核的。

恒星风

处于主序星时期的恒星会稳定地向周围空间中发射出大量的物质，这些物质主要是各种粒子，它们像狂风一样扫荡着恒星周围的空间，把恒星周围的气体物质都刮跑，这样的恒星辐射就被称为恒星风。恒星风对恒星周围物质的分布有着很重要的影响，比如太阳风就是恒星风，它对我们的生活就有很大的影响。

超新星 1987A

在过去，很多科学家认为一颗超蓝巨星会通过体积扩张而转变为一颗超红巨星，然后在超新星爆发中终结自己的一生，但是发生在1987年的一次超新星爆发改变了这种认识。1987年2月23日，在大麦哲伦星系里突然发生了一次超新星爆发，这次爆发吸引了全世界天文学家和天文爱好者的注意，一时间整个南半球的望远镜都瞄准了发生超新星爆发的区域，对这颗超新星的变化进行了详细的记录。因为大麦哲伦星系只有在南半球才能看见，所以北半球的天文爱好者们无法观测，为此他们颇感失望。

这次超新星爆发被命名为SN1987A，它的爆发形成了一个奇特的太空景象。在爆发以前，这颗大质量恒星向太空中抛洒大量的物质，这些物质受到星际物质阻碍，在恒星周围形成一个个较暗的光圈。在超新星爆发的时候，所有的一切被改变了，恒星核周围产生了一个十分明亮的光圈，这个光圈是由恒星爆发的时候抛洒出去的物质组成的，它们的温度在5 000K以上，这个明亮的光圈和外层恒星风物质构成的两个光圈合在一起，构成了一个奇特的三光圈绕恒星核的景象。

从1994~2003年所拍摄的超新星1987A。这组照片说明，爆炸产生的震波，不断地冲击已形成的环状物质，刚形成中心的超新星遗骸持续地扩张。

1994年9月24日	1995年3月5日	1996年2月6日	1997年7月10日	1998年2月10日
1999年1月8日	1999年3月21日	2000年2月2日	2000年6月16日	2000年11月14日
2001年3月23日	2001年12月7日	2003年1月5日	2003年8月12日	2003年11月28日

既然这次超新星发生爆发的时间离我们如此地"近"，那么产生超新星爆发的恒星应该会被人们记录在案的，通过分析，天文学家们惊奇地发现产生这次超新星爆发是一颗编号为 Sk−69202 的恒星，一颗毋庸置疑的超蓝巨星。这与恒星演化的理论发生了抵触，显然科学家们不得不修改一些理论和基于这些理论的认识，以合理地解释这次超新星爆发。

Sk−69202 是一颗质量为太阳 20 倍的大质量超蓝巨星，位于大麦哲伦星系的边缘，而这个星系距离地球大约有 18 万光年，所以 Sk−69202 看起来十分暗淡，在爆发以前，它的

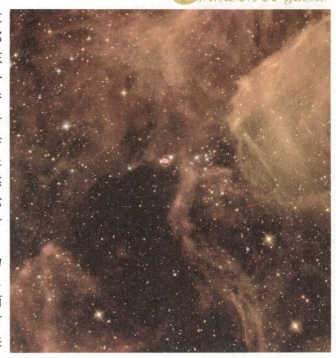

▶ 超新星 1987A 遗迹

视星等是 13 等，远远低于人眼所能看见的 6 等恒星。原有的理论认为蓝超巨星是比红超巨星更小的恒星，但是它的表面更热，在膨胀中，蓝超巨星慢慢地转化为红超巨星，然后发生超新星爆发，但是 Sk−69202 在超蓝巨星状态下直接发生了超新星爆发。在爆炸后不到 3 个月的时间里，它的星等从 13 等飙升至 3 等，亮度甚至超过了自己所在的大麦哲伦星系，成为南半球星空中一颗闪耀着明亮星光的恒星，即使用肉眼也可以很容易地就发现这颗超新星。

在天空中闪耀了一段时间以后，这颗超新星的光辉逐渐消失，它开始变得越来越暗，到了 1989 年的时候，它的视星等降低到了 15 等，成为一颗肉眼不可见的天体，亮度只有最亮时的六万分之一。

一些科学家们通过观测，认为 Sk−69202 周围存在一颗伴星，这是一颗视星等为 13 等的超黄巨星，凭借着超大的质量，Sk−69202 发生超新星爆发以后，会成为一颗中子星，或者更夸张点，成为一个黑洞，这个时候它的超黄巨星伴星就成为自己吸积盘的物质来源。

另外，Sk−69202 距离我们有 18 万光年左右，它的超新星爆发实际上发生在大约 18 万年前。

重元素的产生

在超新星 1987A 的周围产生了一个明亮的光环，因为恒星核较强的万有引力的吸引和星际气体的阻碍，超新星爆发时产生的物质聚集在这里，使这里成为一个形成重元素的场所，许多重元素，比如硅和铁等，都有可能在这里合成。

白矮星

矮星是一类发光度非常低的恒星，它们没有稳定可靠的能量来源，于是发光能力也不强，有时候一些相对来说暗淡的恒星也被称为矮星，白矮星就是这类恒星。

白矮星是一定质量的主序星爆炸以后遗留下来的恒星核，主要由超氢元素构成，这些元素有氦、碳、氧和氖等，构成中子星的元素一般最重不会超过铁，实际上由氧和氖构成的白矮星在宇宙中都已经非常罕见了。白矮星的质量不算小，但是一般不超过 1.44 倍的太阳质量，这样它们就可以处于力作用的平衡之中，白矮星依靠电子简并压来对抗自身产生的万有引力。

对于我们常见的物体，比如空气，因为存在着大量永不停止运动的分子或原子，所以当它们受到外界压力的时候，就会产生一个抵抗的力，这个力来自原子之间相互排斥的力，这就使自己可以保持体积，不至于被外力彻底压扁。但是当外界的压力非常大的时候，原子的确会被压扁，这个时候就要靠电子的运动来抵抗外界的压力了，电子简并运动可以提供一定的抵抗力。包括白矮星在内的任何物体中都存在大量的电子，这些电子围绕着原子核做剧烈的运动，它们很难被压缩到原子核里。对于质量不超过 1.44 倍太阳质量的恒星核，电子简并压足够抵御万有引力产生的引力压了，这样一个处于平衡态的星体——白矮星诞生了。这个时候，

在大约 1 600 光年远的一个叫作 J0806 的非常著名的双星系统里，两个致密的白矮星每 321 秒绕各自的轨道旋转一周。

因为被挤压，原子的空间大大减小，电子不放弃任何可占据的空间，这样它们成为不同于平常状态下的自由电子，充斥在原子核之间的所有空间里，可以这么说：在白矮星上，所有物体都沉浸在自由电子的海洋里。

星云中部有一颗白矮星

因为受到引力的吸附而被压缩，在相同质量下，白矮星上的物质体积比地球上的物质小得多，比如1立方米的白矮星物质的质量高达上千万吨，而地球上这么大体积的物质平均只有5吨多。这样，即使一颗白矮星非常小，它的质量也是很大的，一颗质量和地球差不多的白矮星的体积只有地球的百万分之一。

对于白矮星是如何诞生的，现在还有一些争论。根据目前的恒星演化理论，恒星在处于晚年的时候，它的中心就形成了一个致密的恒星核，这个恒星核就是白矮星的原型。在这颗巨星或者超巨星发生爆炸以后，周围的物质被抛洒出去，但是恒星核却留了下来，并且有着强大的万有引力，吸附那些没有来得及逃走的物质，并把这些物质聚集在自己的表面上。正是因为如此，白矮星上的物质状态也十分复杂，它的内部是晶化的内核，而外部是密度极大的附着物。

虽然白矮星的能量远没有主序星那么大，它表面的温度却一点也不低，一颗刚刚形成的白矮星表面的温度高达上千万度，即使过上数千年，它表面的温度依然足以使它辐射出白色的光芒。但是没有足够的能量来源，白矮星的表面温度也在不断地降低，经过一段时间以后，也许要上千万年，白矮星就不再发出可见光，变成一颗暗淡的黑矮星。

恒星核

在恒星内部存在着一个物质状态和外围物质大不一样的核心，在外界压强和万有引力的作用下，恒星核成为一个由氢原子紧密结合组成的物体，当恒星发生新星爆发以后，恒星核一般会留下来，继续进行演化。这个时候恒星核的组成物质抵抗着万有引力，恒星核的质量不同，演化的最终结果也不一样。

天狼星伴星

天狼星是大犬座α，是全天最亮的恒星。

天狼星就是大犬座α星，是夜晚星空中最亮的一颗恒星，视星等是-1.4等，这是因为它离我们很近，只有约8.7光年，正是因为天狼星如此耀眼，在很早以前人类就对它充满了各种猜测，并由此衍生出许多神话故事。在古代埃及，人们相信天狼星在黎明升起的时间间隔正好是一整年，于是就依此建立历法。因为科学知识和观察手段的限制，古代的天文学家对天狼星的观测就止于此，他们唯一给现在科学家留下的一个谜团就是天狼星的颜色是红色的，而现在我们看见的天狼星散发着蓝白色的光芒。

几千年过去了，随着近代科学和天文望远镜的出现，科学家们开始重新研究天狼星，其中最有名的就是英国天文学家贝塞尔。在19世纪30年代，贝塞尔发现天狼星的运动有一些古怪，它的轨道不是平常那样走规整的曲线，而是一个弯弯曲曲的波浪线。当时的物理学知识已经足够使贝塞尔做出正确的判断：天狼星受到了附近某个天体的吸引力影响，所以轨道变形了。随后贝塞尔就用自己制作的

古埃及人发现：每到夏天，天狼星在黎明前从东方升起来的时候，尼罗河就开始泛滥。古埃及人在计算尼罗河水涨落期的需要中，产生了埃及的天文学。

天狼星是由甲、乙两星组成的目视双星。甲星是全天第一亮星，属于主星序的蓝矮星。乙星一般称天狼伴星，是白矮星，质量比太阳稍大，而半径比地球还小。

天狼星是夜幕中最亮的恒星。事实上，它比太阳亮20倍，质量比太阳大2倍。

在夜空中，天狼星是夜晚星空中最亮的一颗恒星。

望远镜开始搜寻这颗预测的天体，但遗憾的是，直到贝塞尔去世，他也没有发现这个天体，但是他坚信自己的判断是正确的。贝塞尔可能不知道，这颗恒星曾经数次从他的望远镜前经过，但是因为它发出的光太暗淡了，即使借助当时最好的望远镜，贝塞尔也看不见这颗恒星。到了1862年，美国天文学家克拉克在调试一台先进的望远镜的时候，无意间发现天狼星附近有一颗暗红色的恒星，他意识到这可能就是贝塞尔预测的那个天体。后来经过仔细的观测，天文学家终于确认这正是影响天狼星运动的恒星，它被称为天狼星B，就是天狼星伴星。

天狼星伴星是一个能量枯竭的恒星，而且体积非常小，它的亮度就说明了这一点，它的视星等是7等，但是它的随后却引起了不小的争论。根据天狼星B对天狼星轨道变化的影响，科学家发现它的质量很大，几乎和太阳质量一样；通过研究天狼星B的光谱，科学家发现它的表面温度有上万度，这在当时是不可理解的。在人类历史步入20世纪以后，随着现代物理学的出现，印度学者钱德拉赛卡第一次用理论计算了一种处于高度电子简并的星体，并给出了这种星体成立的条件。

螺旋运动的白矮星

　　在我们的银河系里，距离地球大约1 600光年远的地方有一对互相环绕运动并逐渐靠近的白矮星。它们在运动的时候互相靠近，所丧失的轨道能量用于产生引力波，它们可能是银河系里最强的引力波来源。现在科学家正设计先进的探测设备，来探测广义相对论预言的引力波。

黑洞

利用牛顿发现的万有引力定律，我们知道一个物体如果要离开地球，那么它就需要一个最小的速度和合适的方向，因为所有的物质都受到引力场的束缚，光也不例外。理论上认为：只要一个星体的引力场足够强大，那么光也无法从它的表面逃离，这样这个星体就不会辐射任何电磁信号，我们也无法直接探测到这种天体，它就像一个漆黑的无底洞一样，物质只能进入，不能出来，这样的极端天体就被称为黑洞。

早在20世纪人们测定了光的速度的时候，这样的问题就出现了，宇宙中是不是存在一种质量非常大的天体，连光也无法逃脱它的引力范围。在当时，人们认为物体的速度没有上限，只要受到力的作用，物体就会一直被加速，但是在爱因斯坦提出狭义相对论并被接受以后，就很少有人认为物体的运动速度可以超越光速。但是在广义相对论里，通过解爱因斯坦提出的方程，可以得到这样奇怪的解：在一定范围内，当天体的质量足够大的时候，光也会被它束缚住，无法逃脱。史瓦西最先得到这样的结论，但是这个结论却受到了包括爱因斯坦在内的许多科学家的反对，他们认为这样的天体是不可能存在的。就这样，这个理论在很长时间里都没有被

黑洞向周围吹散的巨大气泡，气泡直径达到10光年。

接受。

在 20 世纪 60 年代，随着天文观测技术的发展，许多以前被认为是不可能存在的天体都被发现了，大爆炸理论也得到了初步的证实，中子星被证实是存在的。一些天文观测显示一些大质量的星体的确可以收缩，成为一个连光也无法逃脱的空间，这个空间被称为黑洞，它们也许已经或者即将成为黑洞。

▶ 黑洞具有强大的引力场

就理论计算而言，黑洞存在一个表面，从这个表面开始，包括光在内的所有物质都无法逃脱，这个表面就是黑洞的边界，称为视界。

正如人们所想的，科学界对黑洞的性质有着许多的争论，因为黑洞内部的物质不服从任何已知的物理规律。就目前人类的认识来说，黑洞被认为是一个体积无限小、密度无限大的奇怪区域，这个区域聚集许多物质。但是没有人知道这些物质处于什么状态，因为没有任何信息能够从黑洞里跑到我们的探测仪器上，让我们来了解它的内部世界。

显然，黑洞是不可能直接探测的，人们只能根据黑洞附近的特殊现象来判断它是否存在。当外界的物质在黑洞的吸引作用下急速地向黑洞坠落的时候，它们之间互相剧烈地碰撞，并且向外发出 X 射线，这种射线可以揭示黑洞的一些秘密。霍金是一位研究黑洞的著名学者，他提出黑洞并不是没有任何辐射的冰冷世界，而是在向外散发能量，散发能量的速度和黑洞的质量成反比。这个理论结论是近年关于黑洞所取得的最重大的成果之一。

在人类发现黑洞以前，任何猜测都是有可能的，但是只有那些建立在合理的基础上的理论才能获得人们的认可。

会隐身的黑洞

黑洞不仅吞噬了所有处于自己视界以内的电磁辐射，而且还对经过自己附近的光有影响，使光改变自己的传播方向。如果一颗恒星的光再经过黑洞的吸附而传播向地球的时候，黑洞就会被这个恒星的光所覆盖，隐身于宇宙之中，所以黑洞是个会隐身的"怪物"。

星云

如果你用望远镜观察星空，也许会发现在恒星之间漂浮着一些像云雾一样模糊的天体，它们形状各异，颜色多呈蓝色，而且不像星系那样包含很多明亮的恒星，那么这个天体极有可能是一个星云。

星云形成的原因很复杂，现在我们知道大多数星云都是在恒星的爆发中产生的，也有一些星云是来自不同恒星的恒星风撞击后聚合产生的。当垂死的恒星发生新星或者超新星爆发后，它们的核心会成为一颗白矮星、中子星，或者黑洞，但是它们外围的物质则被抛洒到宇宙空间中，形成一个星云。有时候，一颗超黄巨星因为质量太大，不能发生超新星爆发，但是它可以发生类新星爆发，向空间中抛洒物质，这些物质在超黄巨星旁边形成一个星云，这些星云也是由恒星物质构成的。在苍茫的宇宙中本来就存在许多星际分子，当一颗恒星形成以后，就向空间吹出恒星风，恒星风吹散恒星附近的星际物质，使它们和远处的星际分子聚合，形成星云。

构成星云的主要物质是氢和氦，而那些由恒星爆发产生的星云中也含有很多恒星合成的元素，比如碳、氧和氖等。当超新星爆发以后，在剧烈的高温下，分子都成为等离子，这些由等离子体组

▶ 弥漫星云

成的物质因为受到恒星核引力场和电磁场的作用,运动的路线也各不一样,于是星云的形状也是千差万别。那些在超新星爆发中形成的星云大多呈辐射状,这样的星云向着四面八方扩散,边缘的物质都在远离核心,但是它们的温度相应地也非常低。

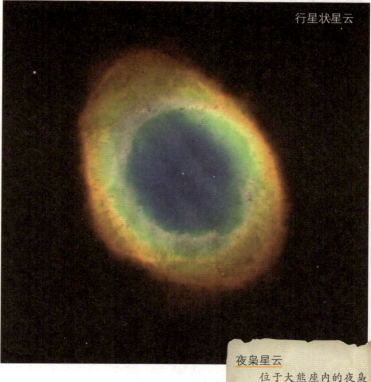
行星状星云

因为不同的原因,星云的形状也不一样,但是科学家们总结各种星云形成的特点,为星云分类。那些形状不规则,而且没有明显的边界的星云被称为弥漫星云,而中心有一颗亮星、周围有一圈明亮光环的星云被称为行星状星云,一般来说行星状星云形成的时间比较短。

弥漫星云因为形成时间长而温度低下,所以它们一般都不发光,有一些弥漫星云因为处于明亮的新生恒星之间,当恒星的光照射到弥漫星云上的时候,恒星光就会被星云散射,在可见光范围内,蓝光较容易被散射,所以直接用眼睛观察这些星云,看到的颜色是蓝色的。恒星光足够强大的话,也可以激发星云物质,使星云散发出红色等颜色的光,星云也可以反射恒星的光,使自己呈现出美丽多变的色彩。有时候,星云也发射可见光之外的电磁辐射,这样的星云用肉眼是看不见的,即使你知道它就在那里。

星云是宇宙中一种有着非常重要作用的天体,恒星在星云的摇篮中孕育,垂死的恒星抛撒出自己合成的物质,形成星云,这些星云有可能成为另外一些新生恒星的组成物质。就在这样的过程中,宇宙中的物质进行着循环,虽然在这个过程中总是会有能量或者质量的损失,但是绝大部分宇宙物质处于这个循环之中,从星云到恒星,再从恒星到星云。

夜枭星云

位于大熊座内的夜枭星云是一个著名的行星状星云,它的编号是 M97,是一个由恒星爆发产生的星云,这个星云因为极像夜枭的脸而得名。这颗恒星的质量一定很大,因为夜枭星云有三个气体层,这说明这颗恒星经历了多次爆发。在完成爆发以后,炽热的核心炙烤着周围的气体,使它们加速离开恒星附近区域,在这里留下一个看起来空荡荡的区域。

猎户座大星云

猎户座大星云是一个非常著名的大星云，它是一个弥漫星云，而且距离地球约有 1 500 光年，是距离地球最近的星云。在猎户座大星云附近有许多明亮的恒星，在这些恒星的照耀下，整个星云散发出明亮的光芒，它的视星等达到了 4 等，即使用肉眼也可以看见这个位于猎户座腰间的大星云。也正是因为猎户座大星云可以被肉眼看见，所以古代的天文学家以为它是一颗恒星，在很长的时间里没有人能认识到它的真面目。即使是望远镜出现以后，天文学家也认为它明亮的中心区域外围的红色云雾是望远镜镜片消光不好的原因造成的。直到 17 世纪，欧洲一些天文学家开始注意到这个天体，并用望远镜仔细地观察，这才发现这个天体与其他恒星有很大的区别，英国天文学家惠更斯更是对它进行了持续的观测。18 世纪，猎户座星云终于被人们初步认识了，并成为梅西叶星云星团表中第 42 号天体，编号为 M42。

美国航空航天 2006 年 1 月 11 日发布的由哈勃望远镜拍摄的照片显示的是猎户座星云。这是至今为止拍摄到的最清晰的猎户座星云照片。

今天人类的探测手段已经比以前先进了许多，我们也对猎户座大星云 M42 有了更多的了解。这个星云的密度虽然非常地低，但是它的半径约有 16 光年，这样它区域里的物质总质量比太阳质量多很多倍。据估计，M42 星云的物质总质量大约是 100 倍太阳质量。

现在通过观察，科学家发现 M42 之中有许多新生的恒星，这些恒星的寿命只有两三百万年时间，比太阳的年龄小得多了。M42 的中心区域十分明亮，这是因为这里聚集着四颗非常明亮的恒星，它们被称为猎户座四边形聚星，它们发出强烈的光芒，照耀着星云的中心，使星云的中心看起来分外明亮。在星云的边缘，稀薄的氢分子云被恒星发出的紫外线照耀，散发出红色光芒，形成星云红色的边缘。

作为离我们最近的星云，猎户座星云一直是天文学家观测的重点目标，虽然它是一个十分庞大的弥漫星云，但是在中心区域里，气体凝聚成团。在这些气团里，一个个新恒星正在形成，有的气团里新诞生的恒星已经散发出夺目的蓝色光芒，而这些恒星周围还围绕着许多小星际云，这些小星际云围绕着中心恒星旋转，同时自己也在收缩，它们也许是即将出现的行星的前身，这些小气团构成原始行星盘。猎户座大星云就像一个天然的超级实验室，通过观察，我们似乎看到了太阳刚刚形成时的情景，看到了地球形成以前的情景，这对我们了解太阳系的形成和演化具有很大的帮助。

在宇宙中，像猎户座大星云这样的星云还有很多，它们都在用实际的变化向我们展示大自然永不停止的创造之手，这只手不仅创造出了恒星来照亮宇宙，而且还创造出美丽的星云。显然大自然对自己的创造十分满意，以至于在不同时间里，它的创造都带有几分相似之处，现在科学家们正在努力寻找大自然创造恒星的规律，这也是大自然创造恒星世界时的蓝图。

猎户座的马头星云是夜空中最好辨认的星云之一，它是一个大型暗分子云的一部分。

观测猎户座大星云

猎户座是最容易辨认的星座，它的中间有几乎排成一条直线的三颗明亮的恒星。在最左边的恒星下方有一个模糊的白斑，那就是猎户座大星云。实际上那只是猎户座大星云最明亮的部分，整个猎户座大星云一直延伸到参宿一附近。著名的马头星云就在参宿一的附近。

哑铃星云

在狐狸座里有一个美丽的行星状星云，它的形状像一个哑铃，所以被称为哑铃星云，在梅西叶星云星团表中，哑铃星云的编号为M27，是这个星表中第27号天体。行星状恒星都有一个中心恒星，但是梅西叶在发现这个星云的时候，并没有在哑铃星云内部找到恒星，因此他认为这个星云不存在中心恒星。

哑铃星云并不是没有中心恒星，这个星云中心也有一颗恒星，但是这颗恒星是一个非常暗淡的白矮星，而且哑铃星云离我们有近1000光年的距离，所以这颗白矮星的视星等只有12等，在明亮的星云掩映下，用普通的天文望远镜很难观测到，因此梅西叶才会误以为这个星云没有中心恒星。

让我们来看看哑铃星云是怎么形成的吧。在大约4000年前，繁星满天的夜空突然出现一颗明亮的新星，这标志着一颗恒星的死亡，这是一颗小质量恒星，即它的质量和太阳相差不多，最多只有8倍太阳质量。这个恒星经过超新星爆发，向空间中抛撒了大量的物质，这些物质开始向着宇宙空间中扩散，远离死亡恒星留下的白矮星。最后，一个新的星云出现在了天空中，它就是后来的哑铃星云，而这次超新

M27也被人们称为哑铃星云，是一个行星状星云。它是全天最亮的行星状星云之一，用双筒望远镜在狐狸座中就能看到它。

小哑铃星云 M76 是一个位于英仙座的行星状星云，1780 年被发现。

星爆发的时间要比人类观测到的更早，大约 5 000 年前。哑铃星云的中心恒星白矮星也没有闲着，它以一定的速度向着其他方向运动，现在它已经跑到了哑铃星云的边缘，也许再过几千年，哑铃星云会真的变成一个没有中心恒星的星云。初期的爆发使恒星表面的物质以一定的速度向着宇宙空间扩散，随后白矮星以更快的速度把自己周围的物质辐射出去，于是后来发散出来的物质和超新星爆发时发射的物质相互撞击重叠在一起，形成了物质密度较大的中心区域。

因为被明亮的恒星照射，哑铃星云散发出强烈的光，使自己成为一个明亮的行星状星云，它的视星等高于 8 等，虽然我们仅靠眼睛是绝对看不见这个星云的，但是和其他行星状星云比起来，哑铃星云已经算是非常明亮了。但是随着它的扩散，整个星云也会变得越来越暗，直到最后从我们的眼睛中消失，隐身在广袤的宇宙中，只有借助那些特殊的仪器，我们才可以看到它。不过这个过程需要很长的时间，这与它们扩张的速度有很大的关系。以哑铃星云现在的扩张速度，在大约 1 万年以后，它就不再辐射可见光，而且随着中心恒星的离去，那个时候哑铃星云就会从人类眼睛里彻底地消失。

在梅西叶星表中还有一个编号为 M76 的星云，这个星云位于英仙座，因为它的形状也像一个哑铃，所以被称为小哑铃星云，因为观察角度的原因，这个星云看起来呈方形。虽然小哑铃星云也十分明亮，但是它是侧面对着我们，而且离我们有数千光年的距离，因此它的视星等为 10 等，而最明亮的中心恒星视星等只有 16 等。

狐狸座的位置

哑铃星云是一个美丽的经典行星星云，但是它的位置却不好找，因为狐狸座是夏季星空中一个狭小的星座，星座内没有明亮的恒星，因此十分暗淡，但是我们还是可以很容易找到狐狸座的，它被著名的天鹅座、海豚座、飞马座和武仙座包围起来。牛郎星、天津四和织女星这三颗横跨银河系的亮星组成了夏季大三角，它们很容易辨认，狐狸座就位于牛郎星和天津四的中间，而哑铃星云则在牛郎星与天津四中间附近区域。

面纱星云

在 1 万多年前,一颗质量巨大的恒星以辉煌的超新星爆发步入死亡,它外围的物质被抛撒到宇宙空间中,向着不同的方向飞去,大约经历了数千年后,超新星爆发产生的光到达了地球。据估计,这颗超新星爆发使自己的亮度猛增,视星等达到了非常明亮的−8 等,在当时的人类看来,在晚上它的亮度可与新月争辉,即使在白天也可以看见它在天空闪耀光芒,但是这种景象只持续了很短的时间,也许只用了不到一年的时间,这颗新星就从天空消失了。转眼间几千年过去了,超新星爆发抛出的物质已经消散在宇宙之间,只留下一丝丝残迹,形成了一个分散的大星云。支离破碎是超新星残迹形成的星云留给我们的第一个印象,毕竟产生它的超新星爆发距离我们是那么久远,现在这个星云被分成大约四部分,在星云星团总表中它们的编号分别是 NGC6960、NGC6979、NGC6992 和 NGC6995,这些星云被总称为面纱星云。

这些一缕缕的气体就是银河系的一颗恒星爆发留下的一切可以看到的东西。数千年前,一颗恒星发生了超新星爆发,留下了下图这个面纱星云。

面纱星云十分庞大,它到地球最近的距离是 2 500 光年,最远则达 15 000 光年,所以它在天球上的跨度非常大,是满月时月亮表面跨度的 6 倍。面纱星云面积庞大,有一些区域的亮度很高,这些区域的视星等甚至达到了 5 等,用肉眼就可以看见。现在我们分别来看看面纱星云的各个部分。

NGC6960 位于这个面纱星云最西端,它的形状好像一把扫帚,因此被称为巫婆扫帚星云，这个星云也是面纱星云中最为人所知的一个星云。它距离地球有1 400光年距离。女巫扫帚星云的背景中通常会出现一颗闪烁着蓝色光芒的明亮恒星，这颗恒星是天鹅座52星，在地球上看来，它是一颗视星等为4等的恒星，它和远古时期的那次超新星爆发并没有

NGC6960位于这个面纱星云最西端，它的形状好像一把扫帚，因此被称为巫婆扫帚星云，这个星云也是面纱星云中最为人所知的一个星云。

联系。直到今天，女巫扫帚星云中的气体运动速度很快，这些狂乱的气体猛烈地互相撞击，或者撞击漂浮在宇宙中的气体分子，在撞击中，这个星云散发出淡红色的光芒。因为有背景恒星照耀，女巫扫帚星云的视星等达到了5等，在天气状况良好的时候，人们只要借助简单的望远镜，就可以看到女巫扫帚星云那若隐若现的身影，这也使它成为业余天文爱好者观测的一个合适的天体。

NGC6979是面纱星云的中央部分，它所覆盖的范围是NGC6960的2倍多，达到近3 000光年，因为没有恒星光芒照耀，再加上这里温度本身也不高，所以这里的星云显得十分暗淡。因为NGC6979所覆盖的范围非常庞大，它本身也被分成好几个部分，相对于明亮的女巫扫帚星云，这里几乎是一片漆黑，没有任何可见的光，只能用特殊的仪器探测。

最东边的是明亮的NGC6992和NGC6995星云，它们的视星等也达到了5等，这是因为这里有很多恒星在附近，这些恒星照亮了面纱星云的东部，而且星云的覆盖范围足够广泛，能够折射更多的星光，在离恒星较远的边缘，这里的气体因为互相撞击而散发出红色光芒。

面纱星云名称来源

面纱星云得名于它那精致的细丝状气体壳层结构，这些结构是由扩散的气体壳层互相撞击形成的，因为这些气体壳层的温度不一样，它们的颜色也多种多样，各不相同，这种结构在面纱星云最东面的部分表现得尤为明显。

蚂蚁星云

在定规座星团里，人们发现了蚂蚁星云 Mz3

在定规座星团里，人们发现一个有着奇怪外形的星云，因为它的形状就像一个蚂蚁，所以它被称为蚂蚁星云，编号为 Mz3。因为离我们有 3 000~6 000 光年的距离，而自己的长度只有大约 1.6 光年，所以蚂蚁星云不能被人眼直接观测到。在这个蚂蚁状星云的中心有一颗明亮的恒星，现在它和我们的太阳一样处于主序星阶段，不过它猛烈地向外喷发物质，这一点就像船底座η星一样，这说明它已经踏上了死亡之路，离超新星爆发的时间不远了。没有人知道这个巨大的太空蚂蚁是从何时开始显露出奇怪形状的，也没有人清楚这样古怪的形状是如何出现的，因为现在的天文观测还不足以给出足够的证据，让科学家研究清楚蚂蚁星云形成的原因和过程。现在我们唯一知道的就是这颗恒星吹出的恒星风受到了某种影响，因此它们的分布被改变了，于是就表现出蚂蚁的形状。

现在对于蚂蚁星云的形成主要有两种解释：一种是恒星风受到了一颗未知的暗淡伴星的影响，于是就改变了分布；另外一种解释是认为中心恒星巨大的磁场影响了带电粒子的运动，使这些带电粒子沿着磁场线运动，于是就在太空中造就了这样一幅奇妙的景象。现在我们就来看看科学家对这个太空蚂蚁形状的起因是如何做出假设的吧。

一种理论假说是伴星说。伴星说认为在太空蚂蚁中心恒星附近存在一个质量足够大的伴星，这个伴星围绕主星运动，当主星喷发出大量物质的时候，伴星强大的引力场就会吸附主星喷发的物质，在引力的潮汐效应下，使这些物质向着主星的两极方向运动，最后形成对称的蚂蚁星云。

行星状星云的自然形状

如果不受外力影响，行星状星云应该是一个完美的球形，比如位于我们银河系里的阿贝尔 39 星云（Abell 39），它的中心恒星磁场分布均匀，附近也不存在大质量恒星，所以它成为目前人类所知的形状最接近完美自然球形的星云。但是像这样的情况非常少见，几乎所有的行星状星云都会受到中心恒星核或者外来力量的影响，进而改变形状。

如果这种学说是成立的，那么这两颗恒星之间的距离就必须非常近，大约相当于太阳到地球的距离，这样伴星早就淹没在主星所喷发的气体物质中了，它也就很难观测了。

另外一种假设是磁场说。磁场说认为蚂蚁星云中心恒星的磁场非常强大，而恒星抛出的物质大多是带电粒子，于是在磁场的作用下，这些带电粒子的运动受到了限制，只能沿着磁场的方向运动。在没有其他恒星影响的时候，一颗恒星南北磁场的分布基本上是对称的，所以这颗恒星喷发的物质基本上是从两个磁极喷发出来，并且大致上呈现出对称的形状。但是这种学说并不能完全解释蚂蚁星云的结构，因为这个星云的结构非常复杂，有一些部分磁场说也解释不了。

在没有得出最后的结论以前，我们只能这么认为：两种假说都有自己的道理，虽然它们也有不足之处，但是却能够大体上合理地解释蚂蚁星云形成的原因，所以这两种理论的拥护者也是最多的。很多研究者也倾向于认为蚂蚁星云形成的原因不止一种，也许它是在伴星引力和恒星磁场的双重作用下形成的。虽然科学家对蚂蚁星云的形成有不同的意见，不过有一些猜测就不那么合理了，有人认为蚂蚁星云的形状证明了上帝是存在的，这种说法显然不可能被科学家接受。

▶ 蚂蚁星云 Mz3 是从一颗与太阳类似的球状星体所抛出的，其形状像一只蚂蚁的头部和胸部。它原是一颗类似太阳的恒星，目前已行将死亡。

猫眼星云

在离我们地球 3 600 光年远的天龙座区域内有一个垂死的恒星不断地向空间中抛出自己的外壳气体，这样的状况持续很久了，结果就是在这个区域创造了一个视星等为 8 等的星云，这个星云的结构表明它是典型的行星状星云，不过这种结构要比其他行星状星云复杂得多，因此它成为了宇宙中已知的最复杂的星云之一。因为这个星云的形状好像一只猫的眼睛，于是就被称为猫眼星云。

猫眼星云在 1786 年 2 月 15 日被英国天文学家威廉·赫歇尔发现，后来它又成为第一个被用光谱分析确定的行星状星云。猫眼星云的结构非常复杂，因此一些天文学家猜测它的中心恒星是一对互相旋转运行的双星系统，在伴星引力场影响下，主星喷发的物质的运动路线被周期性地改变，这样就形成了这个星云复杂的结构。猫眼星云外围的物质是中心恒星在红巨星阶段的时候向外辐射的恒星风物质构成的，这个倒是不难解释，但是猫眼星云复杂的内部结构直到今天也还没有获得合理的解释。

猫眼星云 NGC 6543 位于天龙座，这个星云特别的地方，在于其结构几乎是所有有记录的星云当中最为复杂的一个。

猫眼星云内部的恒星质量大小和太阳差不多，据估计这颗恒星在大量丢失物质以前的质量大约是太阳的 6 倍，在变成红巨星以后，它损失了大量的质量，已经没有足够的引力来束缚自己表层的物质了，只能任凭它们像风一样吹向宇宙空间。从中心恒星刮出的恒星风猛烈地撞击着恒星附近的物质，使这些物质的温度增加，并释放强烈的辐射，其中包括可见光，这样猫眼星云中心区域的亮度变得比周围高得多。随着恒星风远离恒星，它们受到了星际物质的阻碍，不断地损失能量，同时也在通过的路上留下了发光的足迹，这些痕迹帮助我们看清楚这个星云的结构。

与不少天体一样，猫眼星云的物质主要为氢和氦，并拥有少量重元素。

整个猫眼星云好像由很多个气体壳层套在一起形成的，每个气体壳层之间都有一定的距离。根据现有的理论，一些天文学家认为这是因为恒星每过一段时间就会爆发一次造成的，当然这种爆发的规模要比超新星爆发小很多。每次爆发都会有一部分恒星外层物质从恒星表面脱离，大量飘向宇宙空间，形成一个明显的环状气体圈，而下一次也差不多是同样的状况。现在这颗恒星的质量已经和太阳差不多了，从理论上来说它已经爆发不了几次了。

现在猫眼星云成因的最合理的解释就是双星说，这种学说也要求两颗恒星的距离足够近，这样才能产生所需的条件，这样这两颗恒星无可置疑地被整个猫眼星云包裹起来了。现在主持双星说的科学家认为猫眼星云内部的两颗恒星都在向外周期性喷发物质，而且它们还围绕着质量中心运转，这样就会使抛撒出去的物质受到周期强烈的引力场变化的影响，从而造就猫眼星云那复杂的内部结构。

猫眼星云还算是一个年轻的星云，据估计它至少在1 000年以前就开始形成了，也就是说它内部结构是在最少1 000年内形成的，也许我们有希望观测到它的新气体圈的产生，这样可以部分解释它形成的原因。通过研究猫眼星云，我们可以看到我们的太阳未来的命运。

主序星形成的行星状星云

虽然超巨星的爆发最终产生星云和中心的恒星核，但是行星状星云并不一定都是超新星爆发形成的，一颗处于万年的巨星也可以形成星云。当一颗质量适中的恒星步入晚年的时候，它的体积剧增，恒星核的质量产生的万有引力不足以束缚所有外层物质，因此在内部压力的作用下，一部分恒星物质就会以类新星爆发的方式向外释放物质，这些物质就有可能构成星云的气体壳层。

鹰状星云中的创造之柱

创造之柱作为恒星的摇篮而成为宇宙中最吸引人类关注的宇宙区域之一，这个区域属于一个星云，这个星云因为自己的形状而被称为鹰状星云。在很久以前，这里的一个超巨星发生了猛烈的超新星爆炸，爆炸释放出巨大的威力，使恒星周围的物质受到激发，以很快的速度向着远离爆点的方向前进。在这颗超巨星的周围本来弥漫着大量的星际气体，爆发产生的冲击波强烈地挤压着这些冰冷的气体，使它们凝聚在一起，形成一个巨大的环状恒星摇篮，而在中心则留下一个物质稀疏的柱状区域。

1995 年，哈勃太空望远镜在可见光波段拍摄的"老鹰心脏"的特写照片。

创造之柱只是鹰状星云中很小的一部分，在梅西叶星表里鹰状星云是第 16 号天体。鹰状星云距离我们有 7 000 光年，是一个由星际气体和灰尘构成的大星云，在这里恒星形成的鲜明的过程被我们一览无余。鹰状星云位于巨蛇座内，靠近盾牌座和人马座，那里正是我们所在的银河系的一个旋臂，这个旋臂被称为人马座隆起旋臂。在这里有许多刚刚形成的大质量的恒星，这些恒星发出强烈的光线，激发了这个弥漫星云，使它散发出光芒，鹰状星云的亮度使它的视星等达到6.4等，因此借助望远镜很容易观察到这个著名的大星云。

鹰状星云约有20光年长，而其中的创造之柱的长度约有9.5光年。在这么大的范围内形成了大量致密的气体球，在这些气体球中，一颗颗新的恒星正在形成，而在创造之柱的旁边有许多刚刚开始发光的恒星，这些恒星散发出明亮的蓝色光，事实上它们还辐射出频率更高的光。这些新生恒星强大的辐射激发了星云中的气体分子，使它们发出各种颜色的光，这些光使鹰状星云看起来五彩缤纷，无比美丽。

M16是一团由星际尘埃和气体组成的巨大星云，它以酷似雄鹰而得到鹰状星云的美称。

新生恒星的辐射不仅使创造之柱看起来光彩夺目，而且把自己周围的物质送到温度较低的区域，这些区域一般是气体凝聚区，这样新生的恒星为更多恒星的诞生发挥了很大的作用。

不仅是创造之柱，整个鹰状星云都是恒星生成区，在鹰状星云的边缘，这里的气体温度更低，因此也更容易凝聚，在这里已经诞生了很多的恒星，这些恒星组成了一个开放星团。这些新生的恒星不算密集，因此它们会把鹰状星云中的气体吹拂到远离自己的地方，这些被吹走的气体碰到了被其他恒星吹来的气体分子，它们就会聚集成团，这也正为更多恒星的诞生创造条件。

鹰状星云距离我们有数千光年远，因此创造之柱现在是否存在还不可知。有一些科学家根据观测的资料推测创造之柱已经被一次可能的超新星爆发刮起的狂风吹散了，我们现在看见的只是创造之柱残留下来的影像，实际上创造之柱已经不存在了；但是另外一些科学家不这么认为，它们认为鹰状星云中是否出现了超新星爆发还不可知，而来自新生恒星的恒星风在数千年内还不能对创造之柱造成严重的破坏。不管哪一方是正确的，我们都只能在数千年后看见答案。

X光探测下的创造之柱

鹰状星云中的许多新生的恒星表面的温度非常高，所以它们周围的物质会辐射出大量的X射线。在创造之柱旁边有一些质量在4~5倍太阳质量的恒星，它们散发出蓝色的光芒，说明它们是新生的恒星。不过在创造之柱的灰尘里，新生恒星并不多见，而在创造之柱空的区域里，也许会有新生恒星出现。

玫瑰星云

在距离地球大约 3 000 光年远的麒麟座内有巨大而美丽动人的星云，它像一朵红色的玫瑰一样盛开在宇宙之中，向人类展示自然界无奇不有的一面，它就是玫瑰星云，一个弥漫星云。

玫瑰星云是一个发展到晚期的星云，像其他弥漫星云一样，玫瑰星云的颜色也是深红色，这是因为这个星云中大部分元素都是氢，这些氢元素所散发出来的光的频率在可见光的红色光段，所以整个星云就成为红色的了。在玫瑰星云的一些区域，因为含有氧元素，这些氧受到激发，就会释放出绿色光，因此这些区域略显绿色。而玫瑰星云散发出的蓝色光被认为是来自星云中的硫元素。通过分析这个星云的颜色，我们大概知道了玫瑰星云的来源。在原始的星云中很少会存在氧元素，更不用说硫元素了，这些元素多半来自一颗死亡的恒星。我们先来看看玫瑰星云大概的形成过程。

玫瑰星云中一些氢来自爆发的恒星，但是大部分氢元素本来就存在于宇宙空间之中。在很久以前，玫瑰星云还没有出现的时候，一群恒星走到了自己生命的尽头，相继发生超新星爆发，它们自身的组成物质也被抛向宇宙空间。这些被抛撒出去的物质含有氢、氧和硫等元素，这些来自不同方向的物质高速运动，撞击着宇宙中的星际分子云，把这些星际分子聚集到一起，形成一个巨大而密集的大气团。在这些狂暴的星际物质剧烈的撞击中，一颗颗原始恒星出现了，经历了很长的时间，在星云的内部，一群新恒星诞生了，它们形成了一个密集的星团。自从它们内部的合成反应开始启动，它们就向外散发出大量的辐

玫瑰星云 NGC 2237 是一个距离我们 3 000 光年的大型发射星云

玫瑰星云 NGC 2237 中心有一个编号为 NGC 2244 的疏散星团，而星团恒星所发出的恒星风，已经在星云的中心吹出一个大洞。

射，这些辐射使星际分子远离自己。经过数百万年的时间，这个新生的星团不断刮出的剧烈的恒星风把整个星云的内部清理得一干二净，制造出一个巨大的空洞，而在我们看来，这里则是玫瑰芯。这也是不可避免的事情，当星云中心形成了这样的恒星团的时候，在恒星团的附近就很难再形成新的恒星，因为形成恒星所需的物质被恒星团赶走了。

因为吹向各个方向的恒星风强度略有差别，所以玫瑰星云的花瓣部分也不尽相同，而且在花瓣部分也诞生了一些新的恒星，这些恒星也在制造空洞，这些分布在花瓣中的恒星把玫瑰星云的气体层撕得四分五裂，而玫瑰星云花瓣部分中的暗条据估计是因为含有一些强烈吸收光线的元素，所以才会出现这么多的暗带。

在很久以前，大质量恒星的死亡造就了美丽神秘的玫瑰星云，而到了现在，玫瑰星云又创造了许多新生的恒星，随着这些恒星的发展，也许在将来这里会出现一朵快要凋零的玫瑰花，而经过亿万年后，在这朵凋零的玫瑰花之间，一个新的星云正在酝酿，也许它会是另外一朵花。谁能知道大自然会在未来创造出什么样的奇迹呢？

吸收光的元素

在很多星云图片中，我们经常会发现一些暗淡的区域，这并不是因为这里没有物质，而是因为这块区域含有大量吸收可见光的元素，比如碳元素。碳元素吸收了可见光，但是却不放出光线，或者放出的是人类的眼睛不能直接看见的光，这样星云中这块区域在我们看来就是黑的。

沙漏星云

在我们的印象中，当看到从沙漏中心流过的沙子的时候，总会不由自主地想起流逝的时间，现在，天文学家在宇宙中找到了一个有史以来最大的沙漏，在距离我们8 000光年远的宇宙区域里，一个刚刚诞生的沙漏在为自己中心恒星的死亡做着最后的计时。

因为形状像一个沙漏，编号为 Mycn18 的星云被人们称为沙漏星云，这个有着奇怪形状的星云给了人类惊喜，也带来了很多问题。科学家们对这个星云的形成过程进行了分析，希望能够给出一个合理解释，现在我们来看看这个星云是如何一步一步形成的。

沙漏星云是由一颗类似太阳的恒星形成的，在诞生大约 100 亿年以后，这颗恒星走到了自己生命的末期，它变成了一个巨大、红色和更冷的红超巨星。在发生超新星爆发以前，这颗恒星外层的物质就开始脱离恒星，向着遥远的宇宙空间中飘散，这样的过程持续了一段时间，于是形成了包裹在中心恒星外面的气体壳层，看起来这颗恒星在发生超新星爆发以前曾经向宇宙中数次抛撒物质，在外面形成了多层气体壳层。但是这样的时间没有持续多久，随

在礁湖星云的中央部分是沙漏星云。在这一区域，恒星刚刚形成，不发光的尘埃带充满了发射红光的氢气体区。

后一个必然的事情发生了，恒星上可用的核燃料已经所剩无几了，于是恒星内部的温度减小，伴随着温度的减小，恒星内部抵抗万有引力的压强也在减小。压强的减小使恒星失去了支撑自己身体的能力，远离恒星核的物质可以飘散到宇宙空间中，但是距离恒星核较近的物质还是会受到较强的引力。因为没有足够的支撑力，在恒星核的吸引下，恒星外围的物质开始向着恒星中心前进。这些物质并不能到达恒星核，因为恒星内部还是有足够的温度来抵抗外层物质的，不过随着死亡前的恒星体积的缩小，恒星内部最后剩下的核燃料猛然被点燃，于是光压迅速

拍摄于 1996 年的 "沙漏星云" Mycn18，距地球约 8 000 光年，是一个年轻的行星状星。

超过了引力压，结果就是恒星发生超新星爆发，迅速地抛出大量的物质。这些物质在扩散的时候遇到运动缓慢的星云，于是就与这些星云物质撞击。沙漏星云内部明亮，一部分原因是因为这里有恒星爆炸剩下的高温白矮星存在，另外因为爆发时间不长，所以内部物质的温度比较高，而且这里的气体分子相互撞击，产生了大量的光辐射。

　　沙漏星云中心的白矮星并没有处在星云的中心，一些天文学家猜测这可能与白矮星运动的方向有关。在沙漏星云的图片里，我们经常会看见中心恒星旁边有一颗较为明亮的恒星，虽然有科学家认为沙漏星云中心的恒星可能是一个双星，但是就现在的研究，科学家认为这颗恒星与沙漏星云中心的白矮星的运动没有明显的联系。

　　再向外辐射能量就意味着白矮星的能量会减少，而它却没有稳定的能量来源，随着时间的流淌，这颗白矮星的亮度会逐渐地暗下去，直到最后失去发射可见光的能力，变成一颗黑暗的黑矮星。到了那个时候，这个星云也许早已经扩散到宇宙之间，成为宇宙星际分子，而到那个时候它的计时任务也已经完成了。

沙漏星云中的双星

　　一些天文学家提出在沙漏星云的深井里存在一对双星。其中一颗就是那颗明亮的中心恒星，另外一颗子星现在还没有发现，但是它的引力却对沙漏星云的形状产生了影响，使它成为现在我们看到的这个样子。不过在观测证据出现以前，这种理论还只是假说。

蝴蝶星云

在南半球星空中有一个叫作蛇夫座的星座，这是一个有着美丽传说的星座，是古希腊传说中的神医阿斯克勒琶的化身，而就在这个星座内，距离地球约 2 100 光年的地方，飞舞着一只无比巨大、美丽非凡的蝴蝶，它就是蝴蝶星云，一个行星状星云。

蝴蝶星云是大自然创造的又一个奇迹天体，它带给人类许多不解之谜，因为这个行星状星云的形状与理论设想的经典行星状星云形状有很大的不同。按照现有的星云形成理论，行星状星云的内部是中心恒星，外层是围绕着中心恒星的气体层，但是蝴蝶星云的形状却十分夸张。蝴蝶星云的外层物质看起来好像都是从恒星的两极喷发出来的，这些物质从中心恒星的两极向宇宙深空蔓延，构成了一对巨大的蝴蝶翅膀，但是在另外的地方，却没有这么多的物质，因此蝴蝶星云成了一个细长的星云。科学家到现在还不清楚是什么力量限制了灼热气体的运动，使它们表现出如此奇怪的运动方式，为此，天文学家们提出了很多不同的理由，试图解释蝴蝶星云形状的来源。

在爆发以前，蝴蝶星云中心的恒星是一颗类似太阳的低质量恒星，按照恒星演化理论，它最后会形成一个行星状星云。现在很多天文学家认为在蝴蝶星云内部存在一对双星，由于这对双星周期性地运转，而它们的引力方向也周期性地改变，因此当明亮的主星喷发出物质的时候，这些物质就会受到运动的伴星的引力影响，以很高的速度冲向伴星，而当伴星改变自己的位置的时候，这些物质就会错过伴星而冲向宇宙空间，经过很长时间以后，这些物质就会沿着主

▼ 恒星蛇夫座ρ附近区域，其中包含了恒星天蝎座α和球状星团 M4。

蝴蝶星云（M2-9）的假色图像，它有着一对像翅膀的结构并且惊人地对称。在它的中心有一个气体盘面，盘面的中央有两颗互绕运行的恒星，它们之间的距离是冥王星轨道的 10 倍。

星两极的方向分布。当主星发生新星爆发以后，大量的物质被抛撒出去，这些物质在伴星的影响下以同样的路径和方式运动，这样最终形成这个有着奇怪形状的行星状星云。这就像喷气飞机的发动机一样，发动机吸进冷空气，然后使这些空气以更快的速度被喷出去。根据观测，天文学家估计这两颗双星的子星之间的距离很大，大约是太阳到冥王星距离的 10 倍。虽然它们的距离是如此的长，但是蝴蝶星云的长度有 0.16 光年，双星的距离只有星云长度的五万分之一，所以伴星也被包裹在了星云之中，难以被人们观察到。

在星云内部，明亮的白矮星辐射出极强的能量，其中包括可见光和紫外线，紫外线等高能量辐射被中心恒星附近的气体分子吸收，激发这些气体分子辐射出能量较低的光，一半是可见光，这样星云中心显得尤为明亮。

蝴蝶星云的气体层中也含有不同的物质，比如氢、氦、氧和碳等元素，这些元素受到激发的时候也会发出不同颜色的光，在恒星附近，这些不同元素发出的不同颜色的光混杂在一起，于是我们看到了白色的光。但是在星云边缘，由于不同的元素受到的作用力不同，那些轻元素更容易运动到远处，而重点的元素运动得慢一些，这样元素分开了，星云不同部分的颜色也可有差异。当然，温度也对星云物质发出的颜色有很大的影响。

蝴蝶星云的发现

1947 年，美国天文学家鲁道夫·闵可夫斯基发现了蝴蝶星云，从那时起，天文学家们就被这个星云吸引住了。在哈勃太空望远镜开始工作以后，观察蝴蝶

星云也成为一个很有意义的重要工作。通过哈勃望远镜发送回来的清晰的图片，科学家们获得了更多的研究蝴蝶星云的资料，不过现在天文学家对蝴蝶星云形成的物理机制还有争论。

爱斯基摩星云

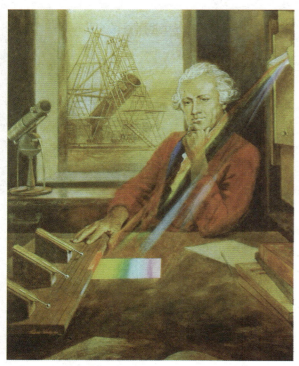

1787年，天文学家威廉·赫歇尔发现了爱斯基摩星云。

在威廉·赫歇尔发现这个位于双子座星云的时候，它就被称为爱斯基摩星云，因为从建立在地面的天文望远镜中看去，这个星云就像一个裹在爱斯基摩人穿的毛皮大衣里的人脸。而在更清晰的照片里，人们才看清楚"毛皮大衣"实际上是类似彗星的气体丝状物质所围成的一个圆环，而那张人脸则是新星爆发后喷发出的高速气体物质形成的星云的一部分。爱斯基摩星云的中心恒星也是一颗垂死的白矮星，而白矮星外面则是主序星发生新星爆发后抛出的物质，这些物质形成一条条细丝状气体结构，围绕在明亮的白矮星外面，构成一个清晰而又标准的行星状星云。

爱斯基摩星云离地球约有3 000光年，它形成的时间差不多有10 000年了，这个星云还算明亮，它的视星等有8等，人们只能借助望远镜才能看清楚这个星云。在大约10 000年前，爱斯基摩星云中心的恒星还是一颗质量和太阳差不多的恒星，但是在它步入晚年以后，一切都发生了变化。科学家们相信当爱斯基摩星云中心恒星还处于红巨星阶段的时候就开始向外部喷发物质，这些喷发的密集物质以很高的速度远离恒星，在与星级气体撞击中慢慢地减速，最后这些密集的气体构成了爱斯基摩星云的最外层，据科学家估计，这些密集气体的扩散速度高达11万千米每小时。当星云中心的恒星发生爆发以后，大量的物质以大约150万千米每小时的速度喷发出来，这些喷发的物质猛烈地撞击着白矮星周围空间的物质，它们很快就追上了中心恒星在红巨星时抛撒出去的物质，冲击这些密集的气体，把它们分离成一条条类似彗星的细丝状结构，同时自己的速度也降低下来，并被来自中心的高速气体撞击。不断赶来的高速气体在恒星周围形成了一个类似气泡的结构，这些气泡并不像我们所想的那样光滑，这是因为恒星周围的物质分布是不均匀的，因此在星际物质密集的地方，恒星风会受到更大的阻碍，这里的气体层就显得凹凸不平；而在星际物质疏散的地方，因为遇到的阻力小，这里的气体层就比较规则，但是总的来说它们传播时受到的影响差不多，因此这个气泡还算对称。

经过数千年的扩散，现在爱斯基摩星云内部的气泡大约有 1 光年长，半光年宽，这是因为向不同方向传播的气体的扩散速度不同造成的。这个星云的中心恒星的视星等大约是 11 等，考虑到它是远在 3 000 光年以外的一颗白矮星，这样的亮度已经算是比较高的了。据推测，这颗白矮星可能不再向外喷发任何气体物质了，或者喷发极少量的物质，而它强烈的辐射炙烤着周围空间的星际气体分子，使它们远离自己，在自己的周围制造出一个显得很空旷的区域。和其他新生的行星状星云不一样的是，因为这个区域里的物质密度极其稀薄，所以我们看到爱斯基摩星云中心恒星的附近区域一片昏暗。

虽然这颗白矮星在未来的几千年内还可以照亮这片区域，但是它还是不可避免地走向死亡，这也是我们的太阳未来的命运。

恒星最长的寿命

现在的恒星理论可以帮助我们对恒星的寿命做一个大概的了解。我们以太阳的质量为标准来划分恒星，那些质量小于 0.08 倍太阳质量的恒星不能启动合成反应，因此在理论上它们会一直存在。而质量低于 1.44 倍太阳质量的白矮星在转变为黑矮星以后，如果没有意外发生，它们也将一直存在下去。

1999 年 12 月，美国宇航局哈勃望远镜在成功实施了维修之后，捕获了爱斯基摩星云 NGC 2392。这张拍摄的图片中，"皮大衣" 实际上是由彗星状物体围绕形成的圆环。

奇妙的宇宙

如果你不知道蓝色光最容易被大气散射，那么白天天空的颜色对你来说就是一个无法解开的谜；如果人类没有天文望远镜，永远也不知道土星外还存在两颗太阳系大行星；如果人类从来没有向月球发射探测器，我们就永远不会知道月球背面是什么样子。总之，如果我们不十分了解某个世界，那么这里就有许多不解之谜。虽然我们在地球上生活了这么长的时间，这里依然存在着很多有趣的秘密，通过人类长期不懈的努力，一些秘密的谜底已经被我们揭开了，即便如此，我们周围还是存在着许多不解之谜，对于庞大的宇宙更是如此。作为大自然最伟大的杰作，宇宙至今还存在许多奇异的现象，这些现象背后存在着为人类所不知的秘密，这些秘密使宇宙被神秘的色彩所笼罩，吸引着人类去探索和思考，揭示这些秘密的答案。但是在没有彻底揭开掩盖在这些秘密之上的帷幕之前，人们只能根据现有的理论来作出自己的猜测，来给这些现象以尽可能合乎情理的解释，这些解释能够初步消除普通人的疑惑，但是对专业的天文学家来说，这些解释也许十分牵强，显然问题的答案没有被完全揭示出来。

几乎所有的科学家都认为人类至今还没有完全了解大自然创造的宇宙万物变化的规律，但是人类已经掌握了足够的知识来解释日常生活中一些常见的现象。因为这些理论就是从我们日常生活或者科学实验中得到的，但是在宇宙这个最完美的实验室里，人们感觉到自己的知识实在是不够用。比如现在的物理理论认为所有物体的移动速度都不会超过光速，在地球实验室中，这个结论被验证是正确的，但是在

蜘蛛星云的中心，藏着一个非常不寻常的星团。这个称为 NGC 2070 或 R136 的星团，是许多炽热年轻恒星的家园。

1999年哈勃望远镜观测了编号为He2-104的南蟹状星云，发现该星云由一里一外两个套在一起的星云组成，它们相同的膨胀速度显示这个复杂结构是在约6 000年前的一次事件中形成的。这些星云照片最终宣告"互动恒星风假说"的破产。

宇宙中却偏偏出现一些挑战这些理论的现象。一些天文学家观察的数据表明一些天体的移动速度超过了光速，而且这种现象出现不是一次了。如果这些天体运动的速度超过了光速，那么我们的理论就不可避免地要重写；如果它们的运动速度没有超过光速，那它们表现出超光速运动现象背后的科学规律是什么呢。无论那些天体的运动速度是否超过了光速，人类的科学知识都受到了挑战，当然这也为我们科学知识体系的扩大提供了机会。

另外一个有趣的现象是后面会讲到的四核星系的现象，在现有的天文观测中，所有规则的星系都只有一个核心，即使在大部分不规则星系中出现多个核心，这些核心也是有足够的距离的，所以四核星系的出现的确让天文学家大吃一惊。虽然这个现象在现有理论下得到了初步合理的解释，但是它还是像一团迷雾一样困扰着我们，因为问题没有这么简单，很多科学家还在为揭开这些谜团而努力工作，也许这会花费很多时间。

奇妙的宇宙现象还有很多，它们的发现令天文学家吃惊，同时也暴露出人类现有知识体系的不足和局限，这也使人类勇敢地迈出自己探索的步伐，探索宇宙奥秘，为这些现象寻找更合理的解释。

观测宇宙现象

在现在，天文学家们观测宇宙的方式和技术有了非常大的改进，不仅可以用大型光学望远镜直接观测遥远星体，而且还可以用不同的电磁辐射探测器来探测那些不可见的电磁辐射。比如红外线、紫外线、X射线或伽马射线，有了这些设备，天文学家可以观测到更多的宇宙现象，增加人类的见识，为人类知识的发展提供事实基础。

类星体

现代探测技术的出现大大开阔了人类的视野，也为天文学家发现新的宇宙天体创造了机会，在20世纪60年代，一种新的天体被发现了。从拍摄的照片看来，这种天体和恒星十分相似，但是通过分析它发出的光，科学家们发现事情并不那么简单，这种新天体发出的电波类似星系，但是它的光谱。这种新天体起初被命名为类恒星射电源，随后就被称为类星体，但是后来科学家发现许多类似的天体并不辐射射电信号，因此就被称为类恒星物体，现在习惯上依然称它们为类星体。而现在，类星体成为宇宙中最神秘的天体之一，它包含了许多难解的谜团，不断地挑战人类的智慧。

类星体一般来说距离地球很远，大多在百亿光年以上，这可能是因为它们产生得很早的缘故，但是类星体的光谱变化却显示它的运动速度快得超出了想象。通过计算，人们发现它的运动速度甚至超过了光速，这与人类现有的知识产生了冲突。一些科学家认为人类现有的知识会因为类星体的出现而被修改，而另外一些科学家认为类星体运动的速度只是看起来超过了光速，实际上并没有超过光速。举个简单的例子，在观看星空的时候，我们经常把"目光"从一颗恒星移动到另外一颗恒星，而这两颗恒星

艺术家笔下的类星体想象图

之间的距离可能有上千光年，从这两颗恒星上的观察者看来，我们自身在一瞬间就移动了上千光年，但实际上我们并没有移动得那么快。

绝大部分类星体的电磁辐射十分安静，而详细的研究资料显示一些类星体会向外抛撒出暗淡的物质喷流，但总体上来说类星体在向外辐射大量的能量，如果这种行为一直持续下去，即使类星体的质量再大，也会有消失的时候。现在科学家们发现的类星体距离我们十分遥远

类星体，其亮度超过一般星系的百倍，但由于遥远，看起来相当暗淡。此图是目前所知最远的类星体，距地球约 150 亿光年。

喷射物质

类星体留给人类的另外一个谜团就是它的亮度，因为类星体离我们非常远，所以我们凭借肉眼是看不见类星体的，但是通过观察，科学家发现类星体非常明亮，甚至比一个星系还要明亮。类星体的亮度还会发生变化，有时候这种变化周期的时间是以小时来计量的，这说明类星体存在一个十分紧密的辐射源，它的所有的辐射都来自这里。类星体强大的辐射预示着它具有非常大的质量，而如果它的质量非常密集，那么人们就会很容易地想到一个结论：类星体内部有一个黑洞，这个黑洞非常饥饿，它疯狂地吞噬自己所在的星系的物质，使这些物质集中在自己周围。但是在吞噬物质的时候，许多物质都被转化为电磁辐射，逃出了黑洞的嘴巴。

现在，一种观点认为在宇宙诞生初期，因为物质比较集中，所以宇宙中充满了类星体。随着宇宙的扩张，宇宙中的物质密度也开始下降，于是很难再形成像类星体这样的奇怪天体了。科学家认为类星体是远古宇宙留给我们的一个很好的礼物，通过研究这个礼物，我们可以看见百亿年前的宇宙。

第一个被发现的类星体

一个代号为 3C273 的星体是第一个被人类发现的类星体，在 1963 年的时候，当射电望远镜刚刚发展起来的时候，天文学家就探测到了这个类星体。虽然距离我们有几十亿光年，3C273 的视星等依然达到了 12 等，对肉眼观测来说它的确太暗，但是对天文学家来说它已经十分明亮了。

磁星的磁场

　　比如我们地球就有磁场，其他行星都有磁场，而离我们最近的恒星太阳也有强大的磁场，它们的磁场产生的原因略有差别，但是都是来自运动的带电粒子。对于其他类似太阳的恒星，我们完全可以认为它具有磁场，但是在发现白矮星和中子星之前，对它们是否具有磁场，科学家就无法做出准确的判断了。

　　对于人类来说，有时候大自然只能被认识，而无法被猜透，在中子星被发现以前，没有人会想到中子星具有磁场。1967 年，中子星发射的射电信号被观测到了，中子星具有磁场已经是毋庸置疑的事实，而在此之前，白矮星也被探测到具有磁场。当一颗中子星具有超级强大的磁场时，你猜一猜它会叫什么？是的，它就叫磁星。磁星的磁场有多么强大呢？我们可以比较一下，地球也具有磁场，这样的磁场可以使指南针偏转，从而指引方向；一些工厂里有产生强磁场的设备，这些设备产生的磁场是地球磁场的 10 000 倍，它可以把几吨重的钢铁轻松地吸起来；在实验室里，科学家们制造的磁场强度是地球磁场的 10 万倍，可以约束那些高速运动的带电粒子，使它们按照设想的路线行进；而在太空中，一颗磁星的磁场强度是地球磁场的 1 亿亿倍，它是目前我们发现的宇宙中最强大的磁。如果把

　　磁星是由高密度中子组成的中子星，其磁场较地球上的任何磁铁都要强出数 10 亿倍。它们大约每 10 秒钟会释放出 X 射线，偶尔也会释放伽马射线。

这样的磁星放在月亮和地球的中间，那我们的生活可就乱套了；所有的通信设备都会被磁星强大的磁场摧毁；信用卡等东西会因为磁场紊乱而不能使用；铁制的钢笔套将在磁星的吸引下飞离地球；甚至移动一根金属条都可以感觉到有电流产生。也许这样的事情对人类产生的影响仅次于地球失去重力的后果，不过幸运的是这样的事情在现实生活中不太可能发生。

■ 磁星强大磁场的效果图

　　磁星如此强大的磁场是怎么来的呢？现在科学家普遍认为磁场只是带电粒子运动的时候产生的一种物理场，只要有变化的电场，就会在电场附近产生磁场，磁场的大小和电场强度和变化速度有关。在理论上解释这个问题是一件非常麻烦的事，不过在不引起误解的情况下，我们可以把磁星磁场的来源也看作是微观带电粒子规则地运动产生的。在磁星里万有引力产生的压力非常巨大，而抵抗这种压力的是大量剧烈运动的中子，这些中子比较规则地排列着，为一些带电粒子创造出特定的通道，这些带电粒子就在中子围成的管道里做高速超流运动，于是强大而规则的磁场就产生了。作为中子星的一种，磁星的质量非常大，而在它内部运动的带电粒子也极多，一些天文学家估计这些带电粒子总质量比地球还要大，如此多的带电粒子在狭小的磁星里有规则地运动，结果就创造出目前人类已知的最强大的磁场。

　　在无尽的宇宙中还存在许多磁星，它们的运动和磁场变化也是现代天文学家和物理学家感兴趣的研究对象，了解磁星磁场的来源可以帮助我们更好地认识这个宇宙，这也是科学家不懈追求的目标。

宇宙中的磁星

　　并不是所有的磁星都会被探测到，科学家只是根据现有的观测数据才发现磁星具有强大磁场的，也就是说我们对磁星的研究才刚刚起步，所以天文学家对磁星磁场的来源也有诸多的争议，这些争论会对磁星研究起到巨大的推动作用。

恒星群

恒星联盟

自从宇宙诞生万分之一秒以后，万有引力就出现在宇宙中，成为这个世界最基本的作用力之一，每一个有质量的物体都会受到万有引力的作用。恒星世界里规则就是在互相吸引的万有引力基础上形成的，在互相吸引之下，恒星们组建起联盟，以聚合的方式存在于宇宙之间，展示着集体的力量。

在一些区域里，恒星在诞生之前就已经开始互相吸引了，在形成恒星的气团里，不同的质量中心吸引着周围的气体物质向它们聚拢，同时也吸引着其他的质量中心——原始的恒星，当然它自己也受到了吸引。这些原始的恒星因为互相吸引而不断地运动，它们既具有整体性运动，同时又在相互影响下进行自己的运动，但是这些原始的恒星不太可能因为互相吸引而碰撞，因为大自然给予了它们足够的空间来使它们互相避开。

当恒星形成以后，虽然看起来它们之间的空间被清扫干净了，但是它们之间那看不见的手却在互相握着，这是使它们建立同盟的力量——万有引力。在这种作用下，恒星们组建起了大小不一的联盟，有的联盟的范围非常小，只有几千万千米，有的却非常大，有数万光年，这要看这些恒星联盟的组成方式和运动状态了。

在宇宙中，恒星的数目非常之多，它们组成的天体也多种多样，经

▧ 下图中的矮星系 NGC 1569 就正在历经着一次大量的恒星形成活动

过 140 亿年的发展，到了今天，以恒星为基本组成单位的天体多不胜数，因此我们可以认为恒星之间的结盟是必然的，看起来大自然很喜欢让自己的创造物聚在一起，不管是为了什么目的。

NGC 281 是个忙碌的恒星制造工厂，显著的特征包括一个小型的疏散星团，一个发出红色弥漫辉光的发射星云，大量掩光的尘埃和云气带，以及可能现在还在形成恒星的云气和尘埃。

在诸多的恒星同盟中，有的同盟非常紧密，外界力量很难打破它们的联系，有的联盟就非常松散，这样的天体的结构也是脆弱不堪的，很容易被破坏。比如两颗互相绕行的恒星之间的平衡很难被破坏，但是一些星系确会被遥远的星系破坏。在宇宙中，天体结构对其存在有很重大的影响，那些结构紧密的天体往往会在天体的斗争中生存下来，甚至会变得更强大，尤其是对那些非常巨大的天体来说，这种规律十分明显。

现在我们所观察到的恒星同盟有双星、合星、星团、星系和星系团，这些大大小小的恒星王国的法律和行为准则都是依据万有引力定律制定的，这些准则允许或者禁止恒星的行为，比如在星系里，它允许恒星绕着星系核运动，但是却不允许恒星跑到星系外去。当然这些准则并不是什么时候都起作用的，当星系之间互相吸引的时候，这些准则就可能被改变，一个星系的成员就有可能被来自另外星系的引力吸引走。

总之，因为恒星分布和质量的原因，恒星体系的形成也不尽相同，但是这个体系的形成遵守着一些相同的规则，所以恒星联盟的形成还是有规律可循的。现在我们一起来看一看恒星之间各式各样的联盟吧，我们先从最简单的双星系统开始，看看恒星是如何形成结构复杂的天体系统的。

天体之间的距离

茫茫宇宙广阔无边，人类在地球上所制定的长度单位对宇宙来说实在太不合适了，于是天文学家们为宇宙量身打造了天文距离单位。对太阳系来说，最常用的单位是天文单位，一个天文单位的距离相当于太阳到地球的距离，大约是 1.5 亿千米，而对于宇宙，天文学家使用最多的则是光年，一光年的距离大约是 9.5 万亿千米。

双星

天狼星伴星的发现

在19世纪上半叶的时候，英国天文学家贝塞尔发现天狼星的运动轨迹不是规则的曲线，而是波浪线。根据牛顿的万有引力定律的计算，他相信天狼星旁边可能存在一颗大质量的伴星，真是因为伴星的吸引，使天狼星的运动轨道发生了波动变化。但是因为当时的观测手段的落后，贝塞尔最终未能观测到这颗伴星。

当我们仰望星空的时候，会发现许多恒星之间的距离很近，它们也被称为双星，不过它们很多都是看起来像双星，实际上并没有太大的联系，有的之间的距离甚至达到几十光年，这类双星被称为视双星。我们所关注的是那些在万有引力作用下互相绕行的双星，这类双星离得非常近，称为物理双星，物理双星又分为分光双星和食双星。

双星是宇宙中最常见、结构最简单的天体，它们之间的联系之所以不太可能被破坏，是因为它们一般离其他恒星很远，受到的引力影响有限。大部分能稳定存在的双星都是互相绕行的，这样它们之间就会存在一个抗拒万有引力的趋势，使自己不至于因为万有引力作用而相撞。

在双星世界里也有许多有意思的故事。有的双星系统中一颗恒星非常大，而且非常明亮，而另外一颗恒星非常小，并且暗淡无光，大而明亮的恒星就被称为主星，小而暗淡的恒星被称为伴星，例如天狼星主星和它的伴星就构成这样一个系统。

很多双星都不是同时诞生的，天文学家们经常会看到一个由一颗巨大的红巨星和一颗刚刚诞生的年轻恒星组成的双星系统。当然受恒星质量大小的影响，差不多同时产生的双星的变化速度也不一样，质量过大的恒星通常只能存在不到1亿年的时间，而那些质量合适的恒星可以存在几十亿年或上百亿年，如果一个双星系统由两个质量不一样的恒星构成，那么它们最后也会成为由不同性质的恒星组成的双星。

▼ 当一个双星系统的两颗恒星质量差别过大的时候，质量小的恒星就会围绕着质量大的恒星运动。

分光双星离得非常近，以至于大型光学望远镜也不能把它们区分开，这个时候就需要特殊的仪器来帮助人们区别双星。分光镜可以区分光的强度和频率周期性变化，这样当双星在绕行的时候，它们的发光强度和频率变化就会被分光镜表示出来，天文学家通过分析这些变化来认识双星，并得出关于双星的一些性质。

上图为英仙座中一个黯淡的双星系统，它距离地球约 25 光年，编号为 Gliese623。

食双星是指那些互相绕行的双星，当双星中的恒星和地球处于同一直线的时候，这种情景类似日食，这个时候双星的亮度就会变暗。

双星通常都是在以约合质量中心为焦点的椭圆轨道上运转的，这个中心的位置和相关恒星的质量有很大的关系，那颗恒星质量越大，这个中心的位置就越靠近那颗恒星，这样双星的运动就变得复杂起来，识别双星的方法也就随之不同。

通过天文学家的观测，他们发现在类似太阳的恒星中有三分之二是双星，通过观察双星运动的轨道参数，天文学家可以获得双星的质量，进而得到许多关于双星的数据，比如它的年龄，及其最终归宿。

双星满天

我们总是会在星空中发现一些离得很近的恒星，这些恒星成双成对地出现，形成了交相辉映的双星。其中最神奇的就是牛郎星和织女星，这两颗星每年到了一定的时间，就会踏入银河，构成一对紧贴在一起的双星，其实这类双星只是看起来离得很近，事实上它们之间的距离非常遥远，没有明显的物理联系。牛郎星和织女星之所以能够互相接近，这不是它们自己的运动造成的，而是我们地球的运动造成的。

当天文学家把自己的望远镜对准天空观察恒星的时候，他们发现了一些恒星并不是孤独地存在于宇宙之间，而是有一个同伴在围绕自己旋转，这种恒星系统后来就称为双星系统。后来，随着分光及光谱分析技术的出现，这下天文学家发现原来宇宙中到处都有双星，毫不夸张地说，你如果在晴朗的晚上向星空瞥一眼，你所看到的恒星中有一半以上都是双星或多星系统。

我们人类会因为喝醉酒而走路不稳，在宇宙中，有的恒星运动路线使它看起来像一个醉汉，但是没有人会认为它喝醉了，而是认为它受到了其他作用力的影响，运行轨道变得奇怪了，一般来说是受到自己的伴星的引力作用的影响。有的时候，一颗恒星的伴星实在太暗了，以至于人们一时不能发现它，但是它拥有足够大的质量，能够对主星的运动产生明显的影响，使主星

星系 NGC 1532 的左上方有一个伴星系 NGC 1531，它们是一个星系系统。在 NGC 1532 中粉红色的地方是恒星诞生的区域。

M40 是一对双星，位于大熊座。1764 年梅西叶将它视为一个天体而编号。距离 500 多万光年。

的运行轨道发生有规律的变化。天狼星和它的伴星就是这样一种情形，还有其他一些双星也是如此，不过像这一类在运动上表现得如此明显的双星系统在双星中所占的比例很少。

对于很多双星系统来说，它的两颗子星之间的距离实在太近了，用普通的光学望远镜是无法发现的，但是组成双星系统的两颗子星因为运动速度、方向、质量等物理状态不尽相同，因此两颗子星发射出来的光谱也有差别。这样人们利用天文望远镜收集来自一个双星的恒星光，然后通过一系列光学仪器把这些恒星光分开，最后进行光谱分析，如果在光谱中出现不一致的现象，这就表示望远镜收集到的恒星光可能来自不同的恒星。由此，天文学家们就可以判断一个双星系统的两颗不同的子星的一些性质，比如运行速度、组成元素等，进而推断出子星的质量以及恒星类型等性质。

有时候一个双星系统会对恒星的演化产生影响，如果一颗超巨星周围有一颗白矮星、中子星或者黑洞，那么它表面的物质就会被伴星吸收，加速主星的死亡。有时候一些形状稀奇古怪的行星状星云的形成也可能与双星有关，这些我在前面已经提到了。

双星对人类研究恒星演化有很重要的作用，如果一个双星系统的子星处于恒星演化的不同阶段，那么我们就可以一次观察到处于不同生命时期的恒星，进而分析它们的演化历程。

总之，双星是大自然创造的最简单的恒星系统，也是帮助人类认识宇宙的一个非常好的基础恒星系统，通过研究双星，我们似乎窥探到了宇宙运转的奥秘。

双星产生的引力波

科学家在距离我们约 1 600 光年远的地方发现一个编号为 J0806 的双星系统，这个双星系统的两颗子星都是白矮星。它们以很快的速度互相运转，并不断地靠近对方，在理论上，这样的活动就会产生很强的引力波，所以这个双星系统成为科学家们关注的重要目标之一。

聚星

因为恒星之间存在足够强大的万有引力作用，所以它们有一种聚拢成团的倾向，前提是它们之间的距离要足够得近。

就形成恒星的星云来说，一般一块比较庞大的星云能够形成多个恒星，甚至在很小的区域里也会有多个恒星诞生，一旦新生的恒星之间的距离足够近，它们之间的相互吸引作用就会改变彼此的运行轨道。这样诞生在相近区域的恒星就会在万有引力作用下聚集起来，互相环绕运动，形成聚星系统，聚星系统有时也称为合星，组成一个聚星系统的恒星数目有几颗，就称为几合星，这一般只对那些成员不多的聚星系统使用，比如一个由三颗恒星组成的聚星系统就被称为三合星，一个由六颗恒星组成的聚星系统就被称为六合星。

从某种意义上讲，双星也属于聚星系统，不过我们这里讨论的是包括三颗恒星以上的聚星系统，这些聚星系统可以保持适当的稳定性，能够存在较长时间。在聚星系统里，每个组成这个系统的恒星都被称为这个聚星系统的子星，如果在一个聚星系统中，有一颗恒星比其他恒星要明亮得多，那么它就当之无愧地成为这个聚星系统的主星，而其他的恒星则成为它的伴星。在一些聚星系统中，伴星并不是只能围绕主星旋转，即使它们的质量相差比较大，这就表示

位于猎犬座北边离地球 1 300 万光年远处的 NGC 4214，不仅拥有大量的老而昏暗的恒星，另外它还具有引人注意的年轻星团。这些星团是被一些会发出萤光的气体所包围着。

由三颗以上恒星组成的聚星系统的运动的复杂程度远远超出了双星系统。三颗恒星互相吸引，同时各自的运动速度又能保证自己是和它的同伴互相环绕运动，而不是互相撞击，当然聚星系统中恒星互相撞击的可能性是存在的，尽管这个可能性在稳定的聚星系统中非常小。

能稳定存在的聚星系统大多是由双星组成的，双星的两颗子星之间互相吸引，构成一对稳定的双星系统，这个双星系统作为一个整体，和另外一个双星系统构成一个聚星系统。我们知道双星系统一般是很稳定的，所以当两对双星互相吸引而运动的

最著名的四边形聚星是猎户座四边形聚星，这个聚星系统是猎户座大星云M42的猎户座星协的中心，是一个新生的恒星系统。

时候，它们能够保持自己的稳定性，只要它们之间的距离足够远就好。一个典型的稳定聚星系统是大熊座ζ星，古代中国天文学家称它为开阳星。开阳星并不是一颗恒星，它是一个由五颗恒星构成的一个聚星系统，其中有一个是三合星，另外一个是一个双星。

不稳定的聚星系统存在的时间很短，它们一般只存在于新生的恒星群落之中，或者是在密集的星群中，这类不稳定聚星的代表就是一种被称为四边形聚星系统。在四边形聚星系统，因为诸子星距离太近，它们之间互相吸引，导致诸子星无规律地运动，这样恒星相撞或者逃出聚星系统的可能性就大大增加了。最著名的四边形聚星是猎户座四边形聚星，这个聚星系统是猎户座大星云M42的猎户座星协的中心，是一个新生的恒星系统。在猎户座四边形聚星系统中，每颗相邻子星之间的距离差不多一样，这样它们之间的互相影响就不一样，结果就是各个恒星之间运动不一致，根据现在的观测，这个聚星系统正处于瓦解之中。

猎户座星协

星协也是一种复杂恒星系统，它含有的恒星在数目上要比聚星系统多，但是恒星密集程度上又不及星团，因此被称为星协。星协都很年轻，这是因为星协是由刚诞生的恒星组成的小规模系统，所以它很不稳定，其内部成员的运动也不一致。现在天文学家发现的星协一般都在银河系的悬臂上，而且大多在那些有恒星摇篮之称的大星云里。

星团

有时候我们在用小型天文望远镜观测天空的时候，经常会发现一些用肉眼看起来是恒星的天体产生了变化，它变得松散，但是看起来也不像是双星或聚星系统。如果距离远一点，小型天文望远镜是根本无法区分双星和聚星系统的，那么这些松散的天体显然不可能是双星或聚星系统。通过专业天文学家的观测，我们终于看清楚了这种天体的大概样貌，它原来是由很多恒星组成的大型恒星系统，因此这类天体有自己的名字，它们被称为星团。

星团的形成也和弥漫星云有关，在一片大型的弥漫星云里通常会诞生很多恒星，如果这些恒星离得比较近，那么它们之间就会用引力来互相联系，组成比较稳定的恒星群体。这个群体的稳定性并不是只靠恒星间的引力来维持的，还有一些其他原因使它们保持相对稳定，比如一个星团的成员同步运动，或者被更强大的引力场束缚等。

在同样大的宇宙空间内，星团内的恒星数目显然要比周围的空间大得多，这样星团才能拥有足够强大的引力场，来保持自己的体型。星团因为自己的成员密集程度不一样，它们的形状也就有差别，那些成员密集的星团引力作用大，因此它们的形状大略呈球形，并能够保持相对的稳定，

距离我们约 6 000 光年的 RCW 38 星团是一个年轻的星团，它包含数千颗形成不到 100 万年的恒星。星团约有 5 光年的范围，并有弥漫的星云笼罩。

年轻的星团 NGC 2264 都是一些年数短的、炽热的蓝色恒星。它们总是存在于形成它们的星云之中或者附近。

它们被称为球状星团；有一些星团的成员比较少，而且十分松散，相应的引力场也就弱，它们依靠星团成员之间的引力和同步运动来保持相对的稳定，因此它们的形状也不固定，显得十分松散，这类星团被称为疏散星团。

虽然从地球上用肉眼看去，星团和恒星相差不多，但是实际上星团的物理性质和恒星有很大的区别，星团依靠恒星之间的引力等作用聚合在一起，它们是一个与恒星完全不同的天体系统。在很多显存的大星云里，许多新形成的星团向外发出明亮的光芒，把自己所在的宇宙区域照得异常明亮，即使在上万光年以外，一些大型星团发出的光也可以被我们用肉眼直接看见，但是恒星就没有这样的能力了。星团中成员一般都是同时代形成的，这是因为新生的恒星会改变自己周围的物质分布，促进其他恒星的形成，只要一个比较短的时间，一个星团就可以初具规模。一旦大星云的某一个区域形成了星团，那么新的恒星在这里就很难形成,因为星团发出的强烈的恒星风会把星云物质吹散。

不同性质的星团形成的时间也不一样，在宇宙诞生初期，因为物质比较集中，当恒星形成的时候，它们都是成批形成的，这样就可以形成比较稳定的大型星团，所以那些规模较大的星团年龄都很古老。但是宇宙扩张到一定时候，因为宇宙物质密度的下降，大星云孕育恒星的能力大减，这些星云中只能诞生一些规模较小的星团，因此那些稀疏的小规模星团的年龄比较小。

星团的分布
现在天文学家发现那些大规模的星团大多分布在星系的中央，这里物质密度集中，可以形成很多恒星。而疏散星团一般分布在物质稀疏、运动速度适合的区域，因此它们一般分布在星系的边缘，这样就可以保持稳定。

球状星团

球状星团是一类巨大的恒星群体，它们含有的恒星数目非常多，少的有几千颗恒星，大的星团有上百万个成员，球状星团的体积也非常庞大，它们的半径一般都有数十光年，有的大型球状星团的直径达到了几百光年。

在银河系里，天文学家发现了几百个球状星团，它们大多在银心附近。通过研究和分析，天文学家相信这些球状星团形成的时间非常古老，它们的成员年龄差不多都在百亿年以上，这就为人类提供了许多关于银河系早期的历史信息，通过研究这些球状星团，我们就可以大概知道恒星的形成和演化过程。

M3 是最大且最亮的几个球状星团中的一个，约有 50 万颗恒星，其中大部分是又老又红的星。它所发出的光需要 10 万光年才会到达地球，它的大小横跨约 150 光年。

因为球状星团规模庞大，因此在球状星团里有各种恒星，如果里面有造父变星，这个星团与地球的距离就可以被很精确地测定，成为精确衡量天体距离的重要依据。在球状星团里，因为很多恒星的年龄都已经步入了晚年，所以这里存在多种类型的巨星和超巨星，这些恒星为人类提供了恒星在巨星时期的演化资料，通过研究这些，可以增加人类对恒星的了解。

我们知道球状星图十分稳定，这是因为它们的中心区域恒星的密集程度要比边缘大得多，这样中心区域的引力场非常强大，把外层的恒星紧紧地吸附在星团内。因为球状星团差不多都接近星系中心，因此它们的运行速度也很快，比如在银河系里，很多球状星团都在一个大椭圆轨道上运行，太阳围绕银心运行一圈需要大约2.5亿年，而球状星团围绕银心旋转一周需要的时间也差不多是这样，对于一个巨大的恒星系统来说，这样的速度已经算很快了。

球状星团 M53 是最偏远的球状星团之一，距离银河系中心大约60,000 光年，距离太阳系差不多同样的距离（大约 58 000 光年）。

毫秒脉冲星是一种旋转速度达到每秒上百圈的中子星，这样的中子星会向外辐射强烈的引力波，可以验证爱因斯坦的广义相对论，因此现在寻找毫秒脉冲星是一项重要的天文学观测项目。但是毫秒脉冲星实在是太少了，在茫茫宇宙中寻找毫秒脉冲星无异于大海捞针。后来一些科学家提出毫秒脉冲星是由 X 射线双星系统演化而来的观点，于是天文学家们想到了球状星团，因为在球状星团里存在许多 X 射线双星系统，这样也许会产生一些毫秒脉冲星。在有了明确的观测目标以后，天文学家们的观测效率提高了很多，他们很快就开始观察球状星团。在 1987 年，英国天文学家首先在球状星团 M28 中发现了毫秒脉冲星，随后又在球状星团 M4 中找到了另外一颗毫秒脉冲星。在球状星团里寻找到毫秒脉冲星令天文学家们万分激动，他们纷纷把观测重点转向球状星团，随后仅在编号为 NGC104 的球状星团里，天文学家就找到了 24 颗毫秒脉冲星，这些中子星都在球状星团密集的中心区域里。

目前被人类发现的球状星团大多在银河系或者其他星系里，但是在宇宙其他区域里也发现了球状星团，因为它们结构紧密，所以它们能在广阔的宇宙空间中稳定地存在。

毫秒脉冲星的形成

毫秒脉冲星是一种在特殊状况下产生的一种特殊中子星。一颗大质量的恒星发生超新星爆炸，就会产生一个中子星，这个中子星运动到离巨星足够近，它就会掠夺同伴的物质，这些物质在中子星表面形成一个吸积盘，螺旋落入中子星，并辐射出特征 X 射线。当物质落入中子星的时候，中子星的自转速度就会增加，这样经过长期变化，最终就会形成毫秒脉冲星。因此在恒星密集的球状星团里，毫秒脉冲星最容易产生。

半人马座欧米伽星团

在半人马星座里有一个非常著名的球状星团，它就是半人马座欧米伽星团，编号为 NGC5139，但是直到 1677 年的时候，哈雷才首次确认它是一个星团。半人马座欧米伽星团是我们银河系里最大的球状星团，据估计这个星团中有数百万颗各类恒星，它们在星团中心的吸引下紧密地凝聚在一起，形成一个壮观的大型球状星团。半人马座欧米伽星团不仅体积庞大，而且它的质量也是我们所知的 150 个银河系球状星团中最大的一个，它的质量大约是太阳质量的 500 万倍，和一个小型星系的质量差不多了。

半人马座欧米伽星团的直径约有 150 光年，也就是说从这个星团的一侧的恒星发出的光要跑上 150 年，才能穿越星团的中心，到达星团对面。在半人马座欧米伽星团内明亮的恒星非常多，因此虽然它距离我们地球约 16 000 光年，我们还是能在没有任何仪器辅助下就可以看见它。它也是星空中最明亮的球状星团之一，视星等有四等，如果它离我们和天狼星一样近的话，那从地球上看来，整个星空都会被半人马座欧米伽星团包围。

虽然半人马座欧米伽星团是星团中的巨人，但是它已经存在了百亿年的时间了，因此它的内部恒星大多是更冷、更红的晚年恒星。因为持续了百亿年的燃烧，这些恒星的

半人马座欧米伽星团 NGC 5139 是银河系里最大的一个星团。恒星的数量超过 1 000 万颗，它是绕着我们银河系中心运行的众多球状星团之一。

质量减少了很多，大部分半人马座欧米伽星团的成员的质量比太阳还要小。那么在这个布满老年恒星的巨大星团里会不会存在温度较高的蓝色恒星呢？天文学家利用先进的仪器来分析半人马座欧米伽星团后得出结论：半人马座欧米伽星团显然存在温度较高的蓝色恒星。这类恒星上的氢元素已经燃烧得差不多了，因此在恒星核里进行的不是把氢融合成氦的反应，而是把氦融合成碳，这些恒星最终会抛弃掉自己外围的物质，只留下一个由碳元素组成

▶ 半人马座欧米伽星团
NGC 5139

的致密的白矮星，这样的白矮星被人们称为太空钻石。

　　科学家们相信半人马座欧米伽星团内一定非常地拥挤。据估计在半人马座欧米伽星团中心区域，每颗恒星之间的平均距离只有约 0.1 光年，而距离太阳最近的恒星比邻星也远在 4.2 光年之外，也就是说半人马座欧米伽星团中心区域的恒星密度是太阳系附近区域的 8 万倍，由此可见半人马座欧米伽星团内部恒星是多么地密集。虽然科学家认为球状星团的恒星之间是在同一时期形成的，一些科学家通过研究观测到的若干次半人马座欧米伽星团星体爆发，发现这个星团中的恒星是在一个长达 20 亿年的漫长时期里逐渐形成的，而不是一次形成的，这意味着有的恒星已经燃烧了 20 亿年了，而新的恒星才刚刚诞生。因为半人马座欧米伽星团在很多方面都和我们观测到的球状星系有一些差别，所以一些科学家认为它是一个被我们的银河系吞噬的小星系的一部分。

球状星团内的黑洞

　　因为球状星团内部质量密集，一些研究者认为球状星团内部难以保持长久的和平。在球状星团中心恒星大规模地爆发成致密的白矮星或者中子星以后，它们会因为互相吸引而靠近其他恒星，在吸取足够的质量以后就转化为黑洞，维持着整个球状星团的稳定，同时也吞噬着自己所在的星团。

M13 球状星团

天文学家哈雷

18 世纪初期，著名天文学家哈雷在观测天空的时候，无意中在武仙座发现一个模糊的斑点，后来梅西叶也发现了这个天体，并将它编为 13 号天体，编号为 M13。但是直到 19 世纪后期，赫歇尔借助大型望远镜，才发现 M13 是一个美丽的大星团，现在我们知道 M13 是一个位于武仙座的球状星团，有时候它也被称为武仙座大星团。

武仙座大星团的直径比半人马座欧米伽星团还要大，它也是由上百万颗恒星组成的大星团，不过它的恒星密度可没有半人马座欧米伽星团大。M13 球状星团也是一个老年星团，距离我们约有 25 100 光年，这个星团内有许多红巨星，这些红巨星的视星等都不高，但是因为明亮的恒星多，所以整个星团的视星等略高于 6 等，在条件良好的情况下，我们可以凭借肉眼勉强看见这个星团。

武仙座大星团中心区域的恒星密度约是太阳附近的 500 倍，质量约是太阳质量的 50 万倍，因为这个星团恒星数目少，中心区域的恒星密度低，所以对外层恒星的吸引力也小，于是整个星团也就比较大。据估计，武仙座大星团的直径达到了 175 光年。

武仙座大星团是一个奇怪的星团，根据观测，一些研究者估计它的年龄超过了 120 亿年，这十分接近宇宙的年龄，也就是说武仙座大星团在宇宙诞生不久就形成了。这和现在恒星形成理论产生了冲突，因为人们普遍认为在宇

M13 是地球夜空中最出色和最著名的球状星团之一，它是由超过 10 万颗恒星所组成的巨大天体，大小超过 150 光年，距离我们有 2 万光年，年龄大于 120 亿年。

宙诞生 70 多亿年后，恒星才开始大量出现的。

武仙座大星团中另外一个奇怪的事情就是这里发现了一颗名为巴纳德 29 号的恒星，这是一个闪耀着白色光芒的年轻恒星。科学家们不理解为什么这个存在了上百亿年的星团里会出现一颗新恒星，因为根据现有的理论和观测，一旦一个稳定的星团形成了，那么新的恒星就很难在其中诞生，显然武仙座大星团有许多为我们所不知的秘密，这些秘密吸引着很多科学家去观测和研究它。

虽然在武仙座大星团内部恒星密布，但是每一颗恒星还是有足够的活动空间的，其中一些恒星也许还会有行星围绕自己旋转。如果我们能到达位于武仙座大星团内部某个恒星的行星上，那么那里将没有黑夜，因为在晚上有无数可与月亮争光辉的恒星高悬天空，这些恒星将把这个世界照射得一片明亮。

在 1974 年的时候，一些科学家向 M13 星团发射了电磁信号，向那里可能存在的外星文明问好。不过因为距离原因，即使那里存在外星人并接收到了信号，那也是 2.5 万年后的事情了。如果这些外星人向我们发了回电，那么我们就要等到 5 万年后才能接收到，这真是一次无比漫长的通信啊！

星团年龄估算

现在科学家通常通过估算星团成员的年龄来推算星团的年龄，但是一个星团中的恒星也不是同时诞生的，因此科学家们利用最古老的恒星的年龄来估算出星团年龄上限，然后再参考可观测的恒星的年龄，最后估计出星团形成的时间。另外星团也有一个类似赫罗图的图标，可以大概估计星团的年龄。但是到今天为止，只有少数星团的年龄可以被人类准确估算，大部分星团还处于年龄不明状态。

疏散星团

在宇宙空间中还有一种星团，它就是疏散星团。和球状星团相比，疏散星团只能算是更大的聚星系统，它们由几十或成百上千个恒星组成，没有明显的中心区域，相互之间的影响比较小，所以不能集中在一起。大多数疏散星团都是由新诞生的恒星组成的，它们非常地年轻，发射出明亮的星光，以至于一些疏散星团中的单个恒星可以被人类用肉眼单独看见。

在金牛座里有一个著名的疏散星团——昂宿星团，这个星团是在一个弥漫星云里诞生的，因为这个弥漫星云的面积不大，因此昂宿星团的规模也很小。虽然昂宿星团含有几百颗恒星，但是只有少数的恒星能够被肉眼看见，在这之中有 7 颗恒星最为明亮，所以昂宿星团也被称为七姐妹星团。在梅西叶星表里，昂宿星团是第 45 号天体，所以它的编号为 M45。昂宿星团距离我们大约有 425 光年，它横跨十几光年的距离，所以它的恒星密度很小，没有足够的引力来互相束缚。昂宿星团大约形成于 1 000 万年前，是一个年轻的疏散星团，不过这里有一些大质量的恒星已经步入了晚年。在昂宿星团里也有很多年轻恒星，它们刚刚发出明亮的光芒，把围绕在自己周围的气体和灰尘映照得异常明亮，也使自己看起来像是躲在

金牛座中著名的疏散星团 M45，是肉眼可见到的最美丽天象之一。

薄薄的轻纱后面一样。同时，天文学家们也在这里找到了一些质量很小并且昏暗的褐矮星。

毕宿星团是另外一个著名的疏散星团，因为就在明亮的红巨星毕宿五的旁边，所以被命名为毕宿星团，不过毕宿五不是毕宿星团的成员。和昂宿星团一样，毕宿星团也位于金牛座里，也是一个年轻的星团，不过它的

巨蟹座中的蜂巢星团是由约 100 颗星星所组成的疏散星团，距地球 520 光年。

年龄比昂宿星团要大一点，从星团的赫罗图上看来它大约有 7.9 千万年的寿命了。毕宿星团是离我们最近的星团之一，它到地球的距离大约是 150 光年，这样它的视星等达到了 0.5 等，是星空中最明亮的天体之一，因此它也成为我们可以清楚地了解的少数疏散星团之一。毕宿星团成员都在以差不多相同的移动方式来远离我们地球，在 5 千万年后，它与我们之间的距离就会达到 7 000 多光年，到时候这个明亮的天体的亮度就会大减，如果不发生其他变故的话，到那时候它的视星等就会降低到 12 等。

在巨蟹座里有一个比较著名的星团，因为它疏散的样子像一个蜂巢，所以被人们称为蜂巢星团。虽然蜂巢星团离我们约有 520 光年的距离，但是它的视星等有 3.7 等，能够被肉眼看见，所以在公元 1 世纪的时候，古代的天文学家就记录下了这个没有星星的模糊天体。因为这个星团位于鬼宿附近，所以古代中国天文学家称之为积尸气，而现在它也被称为鬼宿星团。

并不是所有的疏散星团都处于朝气蓬勃的年青时期，目前人类已经发现了上千个疏散星团，其中有一些是存在了数十亿年的星团。因为恒星数目少，疏散星团的质量要小很多，大多是太阳质量的几十倍到几百倍。

疏散星团成员

疏散星团形成时间比较短，因此在疏散星团里，年轻的恒星随处可见，但这并不表示疏散星团里没有老年恒星。在一些疏散星团里不仅存在红巨星，而且还存在白矮星，比如在毕宿星团里就至少存在 5 颗红巨星和一些白矮星，这些都说明疏散星团里恒星形成的时间差距很大。

星空中的疏散星团

▶ 英仙座的双疏散星团
NGC869 和 **NGC 884**

虽然绝大部分星团都是单独处于一片宇宙空间之中，但是在英仙座内却有一个著名的双疏散星团，它们就是编号为 NGC869 和 NGC 884 的疏散星团。这两个疏散星团距离我们约有 7 000 光年，但是它们非常明亮，以至于在条件良好的情况下我们不用任何辅助设备就可以看见它们。虽然在地球上看来它们几乎要合在一起，而实际上它们之间的距离有好几百光年。

早在公元前 130 年的时候，古希腊的天文学家就观测到了 NGC 869 和 NGC 884 这两个疏散星团，并将它们作为恒星记录到星表里。作为疏散星团，它们含有的恒星比太阳年轻，温度也比太阳高，因此如果使用望远镜的话，就会看见这两个疏散星团里的大部分亮星散发着蓝色明亮的光芒。

除此以外，编号为 M34 的疏散星团也是英仙座里一个著名的疏散星团，它的视星等有 5 等，可以用肉眼直接看见。M34 疏散星团距离我们约有 1 400 光年，是一个由 100 多颗恒星组成的大型疏散星团，这只是指它的直径大而已，它的直径约有 14 光年。据估计，M34 的寿命有 1.8 亿年了，是一个年轻的疏散星团。

位于麒麟座的 M50 疏散星团离我们约有 3 200 光年，它的直径大约有 20 光年，而中心恒星密集区域的直径只有约 10 光年。M50 里有数百颗恒星，其中大部分都是辐射明亮蓝光的年轻恒星，还包括一些红巨星和黄巨星。

位于天蝎座的 M67 是年代最古老的疏散星团之一，据估计它的寿命有 32 亿年了，有的科学家甚至认为它已经存在了 40 亿年了，但是还是没有太阳系存在的时间长。这个星团离地球约有 2 700 光年，星团里估计有 500 多颗恒星，它的视星等有 6 等。在条件良好的情况下，一些视力极好的人勉强可以看见这个星团。根据现有的理论计算，这个疏散星团还可以存在大约 50 亿年，也就是说它大约和太阳一起从宇宙中消失。现在我们发现的最古老的疏散星团是一个编号为 NGC 6791 的星团，它位于我们银河系里，至今为止它已经在宇宙中存在了 70 多亿年了。在 M67 这个古老的疏散星团里存在许多蓝色主序星，但是也存在一些奇怪的恒星，这些恒星被称为蓝色掉队星，它们的质量非常巨大，是疏散星团内主序星的两三倍，因此有科学家认为这种星是星团内恒星撞击融合而成的。

在疏散星团中也有巨人，位于盾牌座编号为 M11 的疏散星团就是这样的星团，它还有一个名字，叫作野鸭疏散星团。在 M11 里有 2 900 多颗恒星，是所有成员数目最多的疏散星团之一，因此这里的恒星非常密集，以至于它看起来像是一个球状星团。这个星团距离地球约有 6 300 光年，已经在宇宙中存在了至少 2.5 亿年了。因为它含有很多红巨星和黄巨星，因此虽然离得远，它的视星等依然达到了 6.3 等，借助简单的望远镜，我们就可以看到这个巨大的疏散星团。

疏散星团的位置

现在在银河系里，天文学家们发现大多数疏散星团位于银河系的边缘悬臂上，这是因为这里的恒星集团数目少，因此疏散星团受到的外力也少，能够稳定地存在，所以这里的疏散星团也就比较多。另外在银河系悬臂上有很多恒星诞生区，这也是疏散星系一般诞生在星系边缘的一个原因。

▶ 英仙座的疏散星团 M34

星团的死亡

星团既然有诞生，那么它们当然也会死亡。对于球状星团来说，它们成员数量多，结构稳定，很难被破坏，所以球状星团一般可以稳定地存在上百亿年，但是这些只能保证它们正常存在，当遇到意外灾难的时候，球状星团也可能面临瓦解死亡的局面。疏散星团的成员少，密集程度低，星团中心提供的引力小，因此它们相对来说很容易被破坏。

如果不出意外，一个球状星团中的成员相继步入晚年以后就会爆发，只留下恒星核，大部分是白矮星。在球状星团内部恒星密集的区域里，死亡恒星留下的白矮星通过吸收其他主序星的物质而增加自己的质量，当它的质量超过了一定程度的时候，白矮星就发生坍缩，成为一颗中子星。中子星可能会重复这个行为，从其他还活着的主序星上吸取物质，自身质量也变得越来越大，最后发生坍缩，成为一个黑洞。这个时候，黑洞会强烈地吞噬恒星，一个主序星的大部分质量会被抛洒出去，只有一少部分会被吸收。根据现有的理论，黑洞的胃口是没有上限的，它可以一直这样吞噬

■ 年老的星团包含许多红巨星，它们已经耗尽了它们的氢气，正在走向生命的末端。

下去，最终毁灭整个星团。

一些意外现象也会导致球状星团面临死亡。与别的球状星团相撞也是球状星团可能面临死亡的原因之一，这是个发生的可能性很小的意外，但是一旦发生了，对其中一个球状星团来说就意味着灭顶之灾。球状星团内部的吸引力虽然足够强大，但也是有上限的，如果一个球状星团运气不好，在运行的时候从一个大质量天体的附近经过，那它就有可能被这个天体的引力撕碎，这也将导致球状星团的瓦解。

实际上科学家们想出了更多可能导致球状星团瓦解的情况，据估计大部分球状星团将面临自然死亡的境地，也就是说当这个星团的成员大都死亡了，这个星团也就跟着死亡了。

疏散星团的成员之间的联系非常微弱，它们也更容易被大质量天体破坏。很多疏散星团依靠同步运动来保持队形，这在恒星稀疏的宇宙空间里倒是可以维持疏散星团的稳定，但是一旦它们进入了密集的恒星区域，自己就有分崩离析的危险。比如当星系之间互相吞噬的时候，位于星系边缘的疏散星团就成为牺牲品，无论是撞击，还是被吸引，它们都有很大的可能被瓦解，这使得科学家们普遍认为疏散星团的寿命不会很长。但是有一些疏散星团的运气很好，在成员恒星相继爆发以后，它们才被瓦解。

作为一种庞大的恒星系统，星团的性质与双星和聚星系统完全不一样，它的生命历程也和简单的恒星系统有很大的区别。有时候因为恒星密集，星团内部之间的恒星发生碰撞和融合的可能性大大增加，这也加速了一个星团的灭亡。总之，星团不可能永远存在于宇宙之间。

短命的疏散星团

大部分科学家认为疏散星团因为结构疏散而时刻面临瓦解的危险，当它们在产生自己的星系中运动的时候，它们会经过很多恒星的附近，这样有一些成员就会因为太靠近其他恒星而改变速度和运动方向，进而脱离疏散星团。这样一个疏散星团就会因为成员的损失而逐渐消亡在自己所在的星系里。

星系的形成和发展

在夏季晴朗的夜晚，只要我们抬起头，就会看见一道银带横穿天穹，古代人因为不理解这条银带的来历，于是就以为它是天上的大河，因此称它为银河。在望远镜产生以后，天文学家通过观测才发现我们称为银河的天体实际上是一个由数目庞大的恒星组成的一个巨大的恒星系统，它被称为银河系。

在认识银河系以后，人们认为银河系就是宇宙中最庞大的天体系统了，而在银河系以外只存在一些宇宙岛，这些宇宙岛非常狭小，不能和银河系相比。但是随着天体距离测定技术的发展，天文学家们很快就发现那些宇宙岛也是由大量恒星构成的天体系统，于是星系这个概念不再专门用于银河系，那些由大量恒星组成的庞大天体系统都被称为星系。

科学家们相信庞大的星云也是星系形成之地，但是它们形成的星系的规模是有限的，并不像现在这么庞大。在

▼ "幼年期"的星系在宇宙中慢慢形成

大约 100 多亿年前，宇宙的体积比现在小得多，但是确有足够的空间来容纳大量恒星，因此一场有史以来最庞大的造星运动在宇宙中产生。在密集的氢分子云之中，一颗颗恒星相继诞生，这些恒星形成了一个密集的恒星系统，而在离它不远的地方，还存在着一些同样的恒星系统。这些恒星系统互相吸引融合，逐步形成了更大的恒星系统，当这样的天体达到了一定规模的时候，它就为形成星系打好了基础。

星系虽然是一个由恒星组成的庞大的天体，但是在星系里还存在一些其他物质以及特殊结构，首先它必须有星系核，这样才能使整个星系保持足够的稳定。一般来说，一个星系只有一个星系核，这个星系核的物质非常密集，因此质量非常大，能够产生强大的引力场，吸引着外围的物质。所以在原始星系形成的时候，一个或者几个恒星团就紧密地聚集在一起，形成了星系核心区域，在它们的吸引下，临近的恒星和恒星系统也慢慢地移向这个核心，围绕在它外面运动，这个时候它也许已经算是一个星系了。

星系在形成初期的规模并没有现在大，而且每个星系的规模也不一样，它们分布的区域也不一样，这为大星系的形成提供了条件。一个较大的星系会吸引周围的小星系向自己靠近，最终吞噬它们，使自己变得更加庞大，我们的银河系就是这样变强大的，其他大星系差不多也是如此壮大起来的。

星系是目前恒星组成的最大的天文系统了，在星系里除了恒星以外，还有很多其他天体，比如星云和星际物质等，这个时候虽然宇宙又扩大了很多倍，但是星系却难以被破坏，因而它的结构足以抵抗分散自己的力量。

▶ 著名的《哈勃深空》照片。展示了 1 000 多个在宇宙形成后不到 10 亿年内形成的年轻星系。

星系内的演化

在今天的天文学家看来，一个星系的核心是最重要的观察区域之一，尤其是那些大型星系，这是因为物质密集，因此与其他区域相比存在着许多不为人知的秘密。现在很多天文学家相信大型星系的中心存在着黑洞，所以这里成为天文学家最感兴趣的区域。

多变的星系

就像恒星有多种类型一样，星系也有不同的形状，这是它们在演化的过程中形成的。虽然星系的形状变化万千，但是科学家们还是为多变的星系分了类别，以方便人们分辨星系类型，在历史上最先为星系分类的著名天文学家是哈勃，他的分类方法一直沿用到现在。在哈勃的分类中，星系被分为螺旋形、棒旋形和不规则形状，后来为了更好地认识和研究星系，天文学家们又在这些类型之下分了很多次级星系类型。

在哈勃看来，所有的星系都是从椭圆星系发展而来的，椭圆星系质量足够大，而且密集，所以能够保持自己的形状，现在天文学家们观测到的椭圆星系只有总星系数目的五分之一，这是因为很多椭圆星系在演化的时候转化为其他形状了。

HCG 87 的成员绕共同质量中心公转的周期约是 1 亿年，而透过重力的作用，它们不断地把同伴拉长。在伸张的过程中，有时会造成气团互撞，而产生突然且明亮的恒星诞生区。除此之外，也为活跃的星系核心带来新的物质。

哈勃不仅为星系进行分类，而且还为星系编制了一个图表，来说明星系演化的历程，这个图表就是星系叉状转变图。星系叉状转变图可以比较简单地把绝大部分的星系归类为相应的类型。比如正圆型星系就用 E0 来表示，并有 E0~E7 表示椭圆星系，当一个椭圆星系出现原始旋臂的时候，它就被称为螺旋星系，并用 S0 表示。从 S0 开始，星系的发展出现了两个完全不同的历程，一些星系很明显地出现了旋臂，它就被编为 Sa 型星系，随着旋臂的展开，相继出现 Sb 和 Sc 型星系，这一类星系被统称为正常螺旋星系，也称为涡旋星系。而那些从 S0 型发

NGC 4631 是一个美丽的大型螺旋星系，它位于猎犬座方向 2 500 万光年远处，并以侧面对着我们。这个星系的侧面有点变形，所以经常被称为宇宙鲱鱼或鲸鱼星系。

展而来的星系如果物质集中在中心和边缘，而旋臂不那么明显，那么它就被编为 SBa 型。从这种类型的星系发展下去，还有 SBb 和 SBc 型星系，这样类型的星系被称为棒旋星系。

现在我们发现的绝大部分星系都在哈勃提出的星系叉转化表里，但是还有一些星系的形状十分奇特，不在这个图表里，这些星系的形状一般没有规则性，因此被称为不规则星系。现在的解释是：一些结构相对来说不稳定的星系在受到外力的作用，或者内部剧烈变化的时候，它们的形状被破坏了，因此成为不规则星系。

因为历史缘故，现在我们所说的星系形状都是以观测到的可见光所表现出来的，如果我们利用红外或者在其他不可见波段下探测，一个星系的形状就会产生很大的变化。所以在今天，因为探测手段的提高，天文学家们比以前更清楚地了解星系，哈勃的星系分类只能大概地表示星系的类型，而那些建立在这种分类基础之上的星系演化理论则受到了挑战。一些天文学家认为哈勃的星系分类法并不能完全反映星系演化的历程，星系的形状也可能受到其他因素的影响。

目前很多科学家正在研究星系的形状，寻找那些还没有发现的影响星系形状的因素，总之人类对多变的星系还没有足够的认识。

规则星系的样子

在规则的椭圆、螺旋和棒旋星系里，它们总是存在一个明亮而稳定的星系核心，在星系核的外面围绕着大量的天体，但是这里的天体密集程度要比星系核低得多。规则星系还有一个明显的特征就是大体上是对称的，围绕在星系核外围的物质散布均匀，呈现一个近似对称的盘状星系。

螺旋星系

对于那些庞大稳定的星系来说，螺旋形就是它们的标志，因为这样的形状表明这个星系曾经吞并了一些临近的星系，增加了自己的质量，也增加了自身结构的稳定性。所以现在我们发现的大星系中，有很多都是螺旋星系。现在我们以一个实在的例子来说明螺旋星系的特征，这里选择的螺旋星系是 M51。

M51 是一个著名的螺旋星系，它也是第一个被确认的螺旋星系。1773 年 10 月 13 日，当梅西叶用自己的天文望远镜在天空中搜寻彗星的时候，偶然发现了这个静静地呆在猎户座区域的天体。由于当时天文望远镜观测能力低下，梅西叶认为它是一个"非常暗淡而没有恒星的星云"，后来梅西叶把这个天体记入自己所编的星表里，编号就是 M51。M51 由大量的恒星、星云和星际物质构成，其中大部分物质集中在星系核里，围绕在星系核外面的是两个巨大的旋臂。因为所占区域庞大，而且它的亮度也非常巨大，视星等达到了 8.4，因此虽然它距离我们约有 3 700 万光年，但是借助望远镜，我们仍然可以看见它。

螺线星系 NGC 4414。外部的旋臂有年轻的蓝色的恒星和大量的星际尘埃。

梅西叶在发现 M51 星系后，又在它旁边发现一个更加暗淡的天体，这是一个小型不规则星系，根据我们现在的认识，M51 的形状与这个小同伴有关。当这两个星系相遇的时候，它们边缘的气体物质密度会大大增加，于是这里就会诞生很多新恒星。这些恒星在 M51 的吸引下向着星系核运动，但是它们的运动速度比星系的旋转速度要慢，于是就围绕在星系核外围，这样久而久

NGC 5055 位于北天星座的猎犬座内，是夜空中较明亮的螺旋星系之一，用小型的望远镜就能够观测。在这张照片里，可以看见发出蓝色辉光的年轻亮星所描绘出的细长弯曲旋臂、因游离氢气而发出红色辉光的发射星云，以及数量众多的黝黑尘埃带。

之，M51 就成为一个螺旋星系。

对于像 M51 这样的星系，大多都是这个样子，只不过旋臂有多有少，结构紧促度不一样。在广袤的宇宙里，像 M51 这样的螺旋星系还有许多，这些星系大部分是在一个星系集中的区域里，这样才能形成螺旋结构。M51 就位于一个小星系团里，这里还有一个著名的螺旋星系 M63，这个星系因为自己的形状而被称为向日葵星系，只要听到这个名称，我们就可以想到它是什么样的形状了。1971 年，M63 星系发生了超新星大爆炸，这个恒星的亮度也因此而增加到 11 等，成为比较明亮的遥远恒星。

螺旋星系因为旋转，所以外围旋臂的指向都和星系旋转的方向相反，但是对一个编号为 NGC4622 的螺旋星系来说，情况有一些不一样。螺旋星系 NGC4622 位于半人马座，是一个距离我们有 2 亿年远的星系，它的旋臂平滑而薄，不过它的旋臂的指向却是自己旋转的方向。现在科学家们猜想它的两条旋臂可能被更强大的天体从星系中拽了出来，因此这两条旋臂的指向和星系旋转的方向相同。

螺旋星系的大部分质量都集中在自己的核心，这里明亮的恒星到处都是，因此也格外明亮。而在螺旋星系的边缘，因为存在大量的氢分子云，因此成为新恒星重要的诞生地。

扭曲的螺旋星系

在南天星座长蛇座里，有一个编号为 ESO510-13 的螺旋星系，它距离我们有 1.5 亿光年的距离。它因为自己的盘面被扭曲而成为一个扭曲的螺旋星系，现在科学家对此有不同的看法，有的认为是外来引力影响了这个星系的形状，而另外一些则认为这个星系被撞击过，所以形状被扭曲。

银河系

在很长的一段时间里，人们都认为银河系就是整个宇宙，因为我们就处在这个庞大的螺旋星系里，所以在没有足够的观测能力之前，谁也无法看清楚它的真实面目。不过根据与银河系类似的星系的结构和形状，科学家们还是估计出了银河系的大体形状。

根据天文学家的观测，银河系是一个中间凸出、边缘较薄的螺旋星系，它有四个旋臂，被分为银心、银盘和银晕三个部分，这三个部分里含有的天体和物质都各不相同。银河系的直径大约是 10 万光年，我们太阳系就在离银心约有 2.6 万光年远的一条悬臂上。

在银河系中心一个半径约为 2 万光年的区域里凝聚了大量的天体和物质，这里就是银河系的星系核，我们称之为银心。银心不仅占有大量的物质，而且还占有大片宇宙空间，它是一个略呈椭球状的星系核，它的中心厚度大概有 1 万光年。银心形成的时间很古老，所以这里充斥着大量步入晚年的红巨星，据推测它们已经存在了至少 100 亿年了。这些红巨星发出耀眼的亮光，把整个银心映照得一片辉煌，使这个物质密集的世界得以被我们人类认识，但是这里也存在着光不会直接告诉你的秘密。银心位于半人马座方向，在 20 世纪 70 年代，有科学家提出在银心存在一个质量是太阳几千万倍的黑洞，能够发射出特征 X 射线，现在这个目标集中在这个星座里的一个奇特恒星半人马座 A 上。

> 银河系具有自转运动，但不像我们地球这样整体转动。银河系自转的速度，起先随离开银河系中心距离的增大而增大，但达到几十万光年后就停止增加，直到银晕中很远处都大致保持不变。

银河系的旋臂

　　银盘是银河系外围的盘状结构，这个结构包括围绕在银心外面的旋臂，因为我们就处在银盘上，所以很难直接观测银盘。在历史上天文学家是通过观察银河系类似的涡旋星系，总结它们的盘面结构和组成物质，再通过观察银河系外围，然后描述出银盘的大致形状的。后来随着探测技术的发展，科学家们用更先进的探测仪器探测银盘，最后通过分析，确证了银河系也存在旋臂，这些旋臂构成了银盘。

　　在银盘的外面还围绕着一层银晕，这层银晕由恒星和星际分子和灰尘等物质组成，还有一些由晚年主序星组成的球状星团。因为这里的物质密度极低，所以看起来像是一层晕一样围绕在银河系外围。

　　这些只是现在科学家对银河系形状的认识，不仅如此，科学家们通过探测银河系现在的活动，获得了许多资料，这些资料帮助人类了解了银河系的过去。在从银心发射出来的电波中，人们了解到银心的结构非常复杂，很可能在形成的时候经历过非常剧烈的活动,这种活动一直持续到今天。

　　银河系核心是距离我们最近的星系核，所以这里可以给我们提供更多的资料，以供人类研究，因此探测银心也是很多天文学家的重点工作。

螺旋星系的旋臂

　　通过观察河外星系，我们发现那些螺旋星系都有两个或两个以上的旋臂，这个旋臂是在星系的活动中形成的。当一个较小的星系靠近大星系的时候，它就会被吸引而坠落到大星系里，在这个过程中，小星系会被大星系的引力撕裂，成为一条长长的细条，这个细条螺旋进入大星系，因此成为螺旋星系的旋臂。

仙女座大星系

仙女座大星系是一个位于仙女座区域的大星系，它虽然距离我们有 290 万光年远，但是因为它的庞大和明星云集，所以它的视星等达到了 3 等，在晴朗的夜晚，即使用肉眼也能看见这个模糊的天体。在公元 905 年的时候，仙女座大星系就被人类记录下来了。

仙女座大星系在梅西叶星表中是第 31 号天体，因此它的编号是 M31，它也是离我们最近的大型河外星系。M31、银河系和其他一些明亮的矮星系构成了本星系团，本星系团的成员包括著名的 M110 和 M32 等。虽然这个明亮的大星系早就被古代一些天文学家记录下来了，但是现在已经没有人知道是谁最先发现了这个星系。第一个用望远镜发现仙女座大星系并给出描述的是西蒙·玛鲁斯，梅西叶不知道人们对仙女座大星系有更古老的记录，所以他就把仙女座大星系发现权归于玛鲁斯。

人类在经历了很长的时间以后才逐渐认识清楚仙女座

▟ 用肉眼看去，仙女座大星系是一个昏暗而弥漫的小斑块，由于它的表面亮度极低，一般的观星人感受不到它在地球天空中其实应该是一个很壮观的天体。

大星系的真正面目。17世纪时，望远镜技术还不发达，因此哈雷在记录这个星体的时候，误以为它是一个星云，从这以后很长的时间里，人们都认为它是仙女座大星云。直到19世纪，著名天文学家赫歇尔还相信它到地球的"距离不超过天狼星距离的2 000倍"，而实际上仙女座大星系到地球的距离是天狼星到地球距离的3万倍。到了1864年，威廉·休根

▲ 仙女座大星系M31的核心

斯发现仙女座大星云发出来的光是类似恒星的连续谱，而不是星云那样的线状谱，从这时人类才开始窥探到这个天体的真正面目。

随后随着观测技术的发展，人们发现M31具有螺旋结构，后来通过观测，一些天文学家发现这个"星云"以很快的速度向我们靠近，但是计算的速度甚至达到了每秒300千米。1923年，哈勃在M31里发现了一颗造父型变星，由此不但精确地测定了这个天体到地球的距离，而且确证了M31是一个星系。至此，几乎所有的天文学家都相信了M31是一个庞大的螺旋星系。

在现代，仙女座大星系成为天文学家们研究的重点对象，对它的研究也一直没有中断过。因为研究仙女座大星系可以帮助我们了解星系螺旋结构、球状和疏散星团、星际物质、行星状星云、超新星爆发遗迹和伴星系等。

天文学家们发现仙女座大星系和自己的伴星系M32有着显著的相互物质交换作用，通过这种交换，M32对M31的螺旋结构有着十分重大的影响。不过在这个过程中，M32损失了大量的恒星和物质，这些恒星和物质都转移到了M31的星系晕里。

根据现在观测到的结果，科学家们计算出M31的直径约有25万光年，是银河系的两倍多，而它的质量是太阳质量的3 000~4 000亿倍。现在，哈勃太空望远镜显示M31具有两个明亮的核心，这可能是它吞噬了一个星系的结果。

50亿年后的碰撞

现在科学家们通过观测和计算，发现M31正在以每秒100千米的速度靠近银河系，如果中间没有什么变故的话，那么在大约50多亿年以后，它将和我们的银河系发生碰撞，两个星系将融合为一个超级星系，不过那个时候太阳可能已经不存在了。

棒旋星系

　　在宇宙深空中存在这样一些螺旋型星系，它们明亮的核心因为一些原因而向两极扩散，这样它的核心就变成一个细长的棒状核心。这种螺旋形星系的旋臂不是从星系核中心伸展出来的，而是从星系核的两端延伸出来的，这样就形成了另外一种螺旋星系，我们把这种螺旋星系称为棒状螺旋星系，简称为棒旋星系。

　　位于南天星空飞鱼座内编号为 NGC 2442 的星系就是一个棒旋星系，它距离地球约有 5 000 万光年。从 NGC 2442 中心一个明显的棒状星系核伸展出来的两条巨大的旋臂像一个横跨在星系的两侧，使整个星系看起来就像是一把预示灾难的死神镰刀。在这个星系的中心是一些散发出明亮黄色光的恒星，从中心衍射出去，在星系不同的区域上有着不同的天体，比如朦胧的星际尘埃，散发出蓝色光芒的新生恒星和由它们组成的星团，由星云构成的恒星形成区等等，这些宇宙物质构成了 NGC 2442 星系的旋臂，围绕着星系中心旋转。据估计，NGC 2442 星系可能是遭受到附近某个小星系的吸引，因此其形状发生了如此大的变化。

　　如果说 NGC 2442 星系的形状看起来像一把锋利的镰刀，那么编号为 NGC 1300 的棒旋星系看起来就像是一个洁白美丽的纺锤。NGC 1300 位于波江座边缘，距离地球大约有 7 000 万光年，它中心是一个呈棒形的星系核，外围则是两条巨大的旋臂，这两条悬臂在星系核心的两端与星系核连接起来，它被当作是最典型的棒旋星系。

　　■　NGC 6872 是现知最大型的棒旋星系之一。这个星系的外观，也许跟它和星系 IC 4970（位于照片的中上方）的碰撞有关。由图可以看到，NGC 6872 左上方的旋涡臂有许多蓝色的恒星形成区，这是它很突出的特点。

M109 是位于大熊座的棒旋星系，1781 年被发现。1956 年 3 月 17 日发现超新星。M109 较暗淡且光滑。

整个 NGC 1300 棒旋星系横跨大约 10 万光年的距离，俨然一个挥舞着白色衣袖的宇宙巨人。在 NGC 1300 星系核中心大约 3 000 光年的范围内，一个标准的螺旋型结构向我们展示了这个星系那奇特的复杂构造。

相对于 NGC 2442 和 NGC 1300，编号为 NGC 1313 的星系看起来就不那么像棒旋星系了，我们只能看清楚它那棒状的星系核，它的旋臂却不那么清晰，不过它的确是棒旋星系。这个星系离我们大约 1 500 万光年的距离，因此在这个星系内的一些恒星不用仪器就可以被区分开。因为聚集了大量的宇宙气体分子，这里成为一个恒星诞生场所，不过这也是这个星系看起来有一些模糊的一个原因。在这里有许多新生的大质量恒星，它们发射出明亮的蓝色星光，照耀着围绕在它们周围的星际物质，这些物质通过散射光线，发出明亮的光芒，使整个星系看起来十分明亮。由于 NGC 1313 内有大量的恒星不断产生，因此这个星系被称为星爆星系。

作为规则星系的一种，棒旋星系在宇宙中也有很多，据天文学家推测，这些星系以前本来是稳定的螺旋星系，但是因为某一些原因，比如受到强大的外力吸引，或者是内部老年恒星爆发产生的冲击，在形成的时候，它们的星系核发生了变化，结构也分散了，成为了棒旋型星系。这些星系因为结构没有涡旋星系稳定，因此它们如果和一个质量相当的涡旋星系相遇，就免不了被瓦解的厄运。

棒旋星系 NGC 613

棒旋星系 NGC 613 是一个距离我们约有 6 500 万光年远的棒旋星系，它看起来更像是一个螺旋星系，不过形状已经开始发生变化了，中心星系核从旋涡状变成了棒状，而且旋臂也开始分开。据一些天文学家推测，在 NGC 613 棒旋星系明亮的中心可能存在着一个大质量的黑洞。

不规则星系

在宇宙中除了绝大多数具有规则外形的星系以外，还存在大量形状没有规律的星系，它们或者奇形怪状，或者没有明显的核心和旋臂，也可能是多个部分连接在一起组成的。虽然不规则星系在外形上没有规律可循，但是它们还是有一些共同之处，现在天文学家把那些形状类别没有列入哈勃星系序列的星系都称为不规则星系。

在我们银河系所在的本星系团里有一个小型不规则星系，因为它是巴纳德在 19 世纪 80 年代早期发现的，所以被称为巴纳德星系，在星云和星团通表里，巴纳德星系的编号是 NGC6822。巴纳德星系位于半人马座内，它距离我们有 180 万光年，看起来一片模糊，没有明显的核心。在这个星系里，恒星和物质分布比较均匀，因为没有大质量的星系核，无法提供足够强大的引力来吸附周围的物质，而且星系核也没有明显的螺旋结构，所以它没有明显的旋臂。在巴纳德星系里，大量的氢包围着新生恒星，组成了一个巨大无比的弥漫星云。新生的恒星辐射出强烈的光线和恒星风，把周围的

在我们银河系所在的本星系团里有一个小型不规则星系——巴纳德星系 NGC6822。

氢分子云都吹散了，而那些发生爆发的老年恒星也把自己周围的氢分子云吹散，制造出一个个巨大的空洞。

NGC1705 是一个矮不规则星系，因为它很小，所以没有规则的结构。

在距离我们 1 700 万光年以外，一个编号为 NGC1705 的不规则星系向我们展示它那不同寻常的一面，一些由年轻高温的蓝色恒星组成的星团照亮了其所在的区域，而那些年老低温的红色巨星却非常均匀地分布在星云里。在星云的一端有一条看起来像是被撕裂的口子一样的结构，看起来它好像被哪个天体打劫过一样。虽然存在了 130 亿年了，但是在 NGC1705 星系内部，新的恒星仍然不断地形成，而它最近的一次恒星剧烈形成时发出的星光大约在 3 000 万年前到达了地球。作为一个矮不规则星系，它没有像螺旋型那样稳定的结构，也没有旋臂。

位于六分仪座的小型不规则星系六分仪座 A 看起来就像是一个粗糙的钻石，为我们讲述着一个未知的远古事件。六分仪座跨越 5 000 光年的距离，离我们约有 500 万光年远，也是本星系团的一员。大约 1 000 万年以前，因为一些神秘未知的原因，在六分仪座中心产生了一场剧烈的造星运动，这可能是大质量短命的恒星超新星爆发引起的。超新星爆发促使新的恒星诞生，而更多恒星的超新星爆发促使大量的新恒星诞生，这个星系外面飘散的由恒星和气体等构成的物质层就是这样形成的。到了今天，这层物质层形成了一个近似方块的区域。

在漫长的生命周期里，一个星系的发展不会是一帆风顺的，它在中途会遇到很多事件，这些事件对星系形状的形成有很大的影响，所以不规则星系的形状可以告诉我们发生在很久以前宇宙中的故事，这些故事直到今天还在继续。

不规则星系的规则

在宇宙中有许多星系的形状是因为不对称而成为不规则星系，这些不规则星系一般都是因为受到附近强大的邻居的吸引而变形的。但是这些星系的核心因为有稳定的螺旋结构，因此能够保持住自己的形状，只是它的力量不足以束缚整个星系的物质。

麦哲伦星系

对于古代的航海家来说，天文是一门很重要的知识，一个船长必须了解天空中标志性恒星的位置，这样才能依靠这些明亮的恒星来指引方向，不会在茫茫大海中迷失方向。在 17 世纪的时候，麦哲伦带领他的船队进行第一次环绕地球航行，虽然那个时候指南针已经出现了，但是船长和船员们还是要携带详细的星图，以辨别方向，而一些星表上没有记录的恒星，就会被航海家记录下来。在麦哲伦的航海日记里，他记述了自己在南半球航行的时候发现的一些明亮的天体，其中有两个明亮却又模糊、类似云雾的天体引起了后来人的注意。

因为是麦哲伦首先记录到这两个类似云雾的天体，因此它们被称为麦哲伦云，其中体型较大的云称为大麦哲伦云，体型较小的称为小麦哲伦云。通过天文学家的仔细观测和研究，时至今天，我们已经知道了这两个云雾状的天体实际上是两个星云，因为它们比较小，而且形状奇怪，因

大麦哲伦云中的超新星

此被归为不规则星系里。

它们是离我们银河系最近的星系，大麦哲伦云离我们大约有 18 万光年的距离，小麦哲伦云离我们约有 21 万光年的距离，都是银河系的卫星星系。这比 M82 和 M81 之间的距离近得多了，因此它们受到银河系强大引力的吸引，不断地损失物质，这些物质也通过物质传送带运输到银河系的旋臂里，成为新恒星的组成材料。

双星群 NGC1850 是一种非常特别的星群，它位于大麦哲伦星云，是大麦哲伦云内除 30Dorado 星之外，最明亮的星群。

大麦哲伦云位于剑鱼座方向，这个星系是质量最大的银河系卫星星系，它长度约有 1.5 万光年，含有 10 多亿颗恒星。因为距离我们近，大麦哲伦云成为天文学家观测的重点目标之一，在这里我们可以发现许多有趣的天文现象，比如超新星爆发残迹、新形成的恒星产生的星云和死亡恒星产生的星云，等等。和 M82 相比较，大麦哲伦云内物质活动更加剧烈，大质量的恒星爆发产生的物质因为与其他分子云作用而留下清晰的遗迹，比如一个编号为 N44 的星云发射出强烈的 X 射线，科学家们认为这个星云是在数万年前的一次大质量恒星超新星爆发后形成的，而 X 射线则是这次超新星爆发残迹产生的。

小麦哲伦云的规模要比大麦哲伦云小很多，它只含有数百万颗恒星，其他都是星际气体和尘埃。这个位于南天杜鹃座中的小卫星星系对人类了解宇宙有着十分重要的作用，在这个星系里有一颗造父变星，天文学家正是通过研究这颗造父变星，找到了精确测定天体距离的方法。

大小麦哲伦云虽然也在绕着银河运转，但是它们的物质正在不断地被银河系吞噬，大约在 80 多亿年以后，这两个星系就会并入银河系边缘，成为一条银河系旋臂的一部分，最终被银河系吞并，不再存在。

银河系的卫星星系

除了大小麦哲伦云以外，天文学家还在银河系外找到了 10 多个卫星星系，而离银河系最近的卫星星系位于大犬座内，距离我们只有 4 万光年；距离银河系最远的卫星星系是一个位于狮子座的星系，距离我们大约有 88 万光年。

星系的碰撞

现在我们经常会看见一些奇怪形状的星系，它们因为受到不同的作用而产生变形，其中有一些星系形状改变得十分厉害，一些天文学家推测这些星系可能与其他星系发生过碰撞，因此改变了自己的形状。星系碰撞可能是宇宙中最壮观的景象之一了，它在星系的演化中起着十分重要的作用，碰撞可以使物质重新分布，为新天体的形成创造了一个机会。

虽然宇宙给所有的星系提供了足够的空间，让它们在其中遨游，但是因为星系之间存在着互相吸引的作用，当它们处在相距不远的区域的时候，无论是掉落进塌陷的空间中，还是它们具有的万有引力作用，反正它们不会保持稳定的静止状态，而是会不断地互相靠近，这样星系的相互碰撞现象就是不可避免的了。

不像恒星，星系是一个极庞大复杂的天体，它除了在宇宙中不停地像一个方向运动以外，自己还在不停地转动，在转动中，自己的成员恒星都在星系内做着不同的运动。在发生碰撞的时候，那些质量庞大、结构稳定的螺旋星系一般都是这场遭遇战中的胜利者，而那些质量小、结构散乱的星系往往会遭遇灭顶之灾，只有少数可以躲过这场灾难，即便如此，它们也会损失很多物质，结构变得更加散乱不堪。那些小星系一旦被庞大星系盯上，那它的瓦解和灭亡就只是时间问题，除非奇迹出现。

虽然星系的碰撞在宇宙

三个将要碰撞到一起的星系。它们分别为NGC7319、NGC7318B和NGC7318A。在巨大引力的相互作用下，星系已经发生了变形。

两个正在相撞的星系 NGC 5194 和 NGC 5195

中是不可避免的事件，但是因为星系非常庞大，而它们的运动速度相对来说非常小，因此发生碰撞所需要的时间非常多，通常都需要几十亿年的时间。

蝌蚪星系是一个距离地球约有 4.2 亿光年远的奇特星系，它位于天龙座方向。从蝌蚪星系的外形中科学家们推测这是一个致密的小星系撞击大星系造成的结果，而小星系在靠近大星系的时候，产生的潮汐力效应使大星系一些物质向自己逃逸的方向扩散，这些物质构成一个长达 28 光年的尾巴，就这样在撞击下，大星系的外形发生了变化。现在蝌蚪星系仍然在演化，在未来漫长的时期里，蝌蚪星系的长尾巴会慢慢消失，而尾巴中物质密集的部分也许会形成一个矮星系。

在宇宙中，有一些星系具有非常奇怪的形状，即使是一些庞大稳定的螺旋星系的形状也产生了令人迷惑不解的变化，这些很可能就是星系撞击造成的。在星系的演化过程中，遭受撞击会改变星系的物质分布，使星系走上与以前完全不一样的发展道路。

现在天文学家发现了许多可能相撞的星系，它们在引力作用下互相高速靠近，虽然在碰撞前它们还要花费令我们难以想象的漫长时间，但是科学家们利用现代技术手段就可以为我们真实地描绘那些以前或者是以后将会发生的星系碰撞场景，例如我们的银河系和仙女座大星系的碰撞过程。

碰撞创造恒星

在星系碰撞过程中，因为星系内部物质受到的引力大小发生了变化，因此这些星际气体等物质会重新分布，而剧烈的恒星风和恒星爆发也会促使这些气体分子更加密集，形成一个巨大的弥漫星云，在这里新恒星出现的速度比正常状态下要快得多。

车轮星系

在我们地球上，如果你把一块石块扔进平静的水面上，那么它将在水面上激起像车轮一样的水波，对这样的现象我们十分熟悉，但是在宇宙中也存在这样的现象，它足以令你吃惊。

位于玉夫星座方向，一个距离我们大约有 5 亿光年远的宇宙区域里，一个编号为 ESO 350-40 的星系让初见到它的人大吃一惊，因为这个星系的形状非常奇特。在这个星系狭小的中心区域里聚集着非常多的物质，这些物质有恒星、气体物质和灰尘，在远离中心区域的外围，有一个由明亮的新生恒星和星际物质组成的光环，在中心区域和外围光环之间有许多旋臂结构，在旋臂里物质含量少，没有多少明亮的恒星，所以这些旋臂显得十分暗淡。这个星系看起来十分像车轮，因此它被称为车轮星系。

如果不是车轮星系前面存在一个小星系，也许我们直到现在还在为它的形状形成的原因而冥思不解呢。现在我们来看看这个奇特的车轮状星系是怎么形成的。

在很久以前，一个在宇宙深空中自由翱翔的星系 A 发

玉夫座车轮星系 ESO 350-40 距离我们约 400 万光年，是一个著名的互扰星系，很凑巧，两个星系互撞出了一个车轮的模样。

现自己遇到了麻烦：它正在向着一个由巨大的星系 B 制造的陷阱中坠落，星系 B 要比星系 A 大许多倍。由于星系 B 的位置刚好面对着小星系 A，因此 A 并没有沿着 B 的边缘被 B 吞噬，而是直接撞向了星系 B 的中心区域。随着 A 与 B 之间距离的接近，A 运行的速度也越来越快，最后，它无可避免地与 B 发生了剧烈的碰撞。这个时候一个现象出现了，A 的速度太大了，它甚至可以穿透 B 的核心区域，重新远离 B 星系，实际上它的确会这么做。不过，A 星系虽然有足够的速度穿越 B 星系，但是它还是会损失大量的物质，毕竟它的结构并不非常牢固。

当 A 穿越 B 的核心的时候，它周围的物质都被吸附走了，只剩下稳定的星系核还在。在两个星系互相撞击的时候，中心区域的物质大增，于是这里的气体物质受到激荡，纷纷合成了大量的大质量恒星，这些大质量恒星向外吹出猛烈的恒星风，这些恒星风形成了来自星系核的狂风，把星系核中的物质挂到了星系核外很遥远的地方。A 和 B 的边缘物质因为被来自星系核心的星系风吹拂，纷纷向远离星系核的地方飞奔，这些物质最后聚集在恒星核的外围，形成了一个环状的恒星形成区，在这里形成了许多新恒星。而在星系核的吸引下，光环中的一些物质开始进入星系核，形成连接光环和星系核的旋臂。

这就是车轮星系形成的大概过程，因为这是一次罕见的星系核心直接相撞事件引起的，所以像车轮星系这样形状的星系在我们观测的宇宙空间中非常地罕见，它的出现为我们了解星系互相作用提供了非常可贵的资料。

从车轮星系的形状，我们就可以看到星系的相撞对星系形状的改变有多么强烈的影响，尤其是对那些大型星系，这些星系的结构非常稳定，一般很难被破坏，而在直接碰撞下，即使是稳定的螺旋星系，其形状也会被改变。

ESO 350−40 的大图是由数幅太空照片合成的，左下方的两个星系是与车轮星系同一个星系团的成员。

小星系的结局

小星系在穿越大行星的核心后，虽然损失了大部分的质量，但是其稳定的星系核却可能保持存在，并且在穿越大星系核心后，继续向前行进。但是大星系对这个变小的星系依然有引力，它是很难逃脱的，最后这个小星系可能会在数次反复的碰撞后，消失在大星系中。

星系的吞食

当一个小型星系和一个庞大的星系遭遇，那它们之间会发生什么事情呢？最可能的结果就是小星系被大星系吸附，然后被大星系强大的万有引力撕裂，慢慢地并入大星系，最后被彻底吞噬，成为大星系的一部分，一般成为大星系的旋臂。如果两个星系的大小差不多，那它们都会被摧毁，然后伸出"双手"谈和，最后双方会在围绕对方旋转的过程中慢慢地融合为一个大星系，一般会成为一个螺旋星系。

一个编号为 NGC4676 的星系是一个非常有趣的星系，它因为拖着一条长长的尾巴而被称为老鼠星系，这是星系互相吸引靠近过程中遗留在宇宙空间中的，不过现在它们还没有完全接触到一起。科学家为这个星系的形成猜想了一段故事：在很久以前，一个较小的星系在另外一个星系的吸引下，向着这个星系靠近，但是因为星系本身受到的引力并不均匀，于是这个星系被撕裂了，它的一部分物质被抛洒到了宇宙空间中，最后这些物质聚集在一起，构成了一个明显的长长的尾巴状遗迹。这两个星系向着相同的方向前进，所以走在前面的星系看起来并没有损失多少物质。在经过一段时间以后，这两个星系就会互相接触到一

这两个星系因为都具有长长的尾巴，所以被昵称为老鼠星系 NGC 4676，它们正在试着努力把对方撕开。这两个螺旋星系可能已经穿过对方，不过它们应该会不停地互撞，直至完全聚合在一起为止。

左边星系为 NGC 2207，右边的是 IC 2163。图中可以看到 NGC 2207 的强大引力正在破坏 IC 2163 的形状。IC 2163 没有足够的力量逃离 NGC 2207 的引力并且注定在未来会经历过更为剧烈的变形。这两个星系可能在 10 亿年后合并成一个更加巨大的星系。

起，而那个时候这两个星系的吞噬才开始，最后它们会合并成一个庞大的星系。

星系的吞噬是一个星系从渺小到庞大的必经之路，当然在它的成长之路上不可避免地有许多小型星系被它吞并；当然也存在另外一个可能，那就是与势均力敌的星系组合成一个更加强大的星系，这样形成的星系会具有更大的吞食小型星系的能力。

在宇宙中许多区域都存在大量的星系，这些星系因为彼此之间的引力而互相影响，只要时间足够长，它们不选择吞噬别的星系，就会被其他星系吞并。对于我们银河系来说，它就是依靠吞食周围的小星系而变得庞大的，直到现在它仍然在寻找自己的猎物，而它周围那些卫星星系在将来都有可能成为它的目标。虽然银河系属于本星系团中最大的星系之一，它在数 10 亿年后也会面临艰难的选择，与仙女座大星系合并成为一个更加庞大的星系。

在大犬座一个距离地球约有 1.4 亿光年远的区域里，一个编号为 NGC2207 的螺旋星系和另外一个编号为 IC2163 的螺旋星系的旋臂已经开始接触到一起，它们的结构都比较稳定，所以到目前为止 IC2163 的形状看起来没有遭受到显著的破坏。这两个星系在经过长时间的吞噬过程以后，最终会合并成一个强大的螺旋星系。

星系的吞噬也需要很长的时间，对于我们人类来说，只能通过观察那些处于不同阶段的星系吞噬过程，再通过合理的推测，把它连接起来，构成一个完整的星系吞噬过程。

大星系的胃口

现在的天体演化理论认为大星系是由许多矮星系慢慢合并而成的，在理论上来说，大星系和黑洞一样，它们的胃口几乎是无限大的，而且很多大星系核心可能存在黑洞。这样的两个星系如果合并了，就有可能产生一个更加强大的星系，而星系核中心的黑洞也有可能合并。

天线星系

NGC4038 核心的变化

在 NGC4038 的核心主要由散发红色光的老年恒星和气团组成，但是再过十多亿年，这里就会被新形成的蓝色恒星替代，到那个时候，整个天线星系将比现在要小大约一半。据估计，大约 30 亿年以后，天线星系将完成吞噬，到那个时候它会变成一个巨大的椭圆星系。

南天星座乌鸦座里，一对编号分别为 NGC4038 和 NGC4039 的星系正在向我们表演一场壮观浩大的星系吞噬场景。

在南天星座乌鸦座里，一对编号分别为 NGC4038 和 NGC4039 的星系正在向我们表演一场壮观浩大的星系吞噬场景，它们已经接触在了一起，形成一个形状复杂的组合星系。

这对互相吞噬的星系距离我们有大约 6 000 万光年的距离，据推测，这对星系在数 10 亿年前因为互相吸引而开始靠近，在大约 5 亿年前接触在一起，到了今天它们前端部分已经融合在了一起，构成一个横跨 50 万光年的庞大不规则星系，这个直径大约是我们所在的银河系直径的 5 倍。在这两个星系互相吞噬的时候，它们在自己经过的区域抛洒出一些物质，这些物质形成两条向不同方向延伸的细长旋臂。虽然这两条悬臂非常暗淡，但是我们还是可以看见它们，它们像天线的细杆一样，因此这个星系被称为天线星系。一些人觉得这两个旋臂像触角，因此这个星系也被称为触角星系。

这两个星系里比较大的星系是 NGC4038，正在被它吞噬的小星系是 NGC4039，经过漫长时间的吞噬，除了稳固的星系核以外，这个小星系边缘的物质已经所剩无几了。这些物质主要是气体分子和宇宙尘，因为 NGC4038 强大的吸引力，这些气体的运动速度非常地快。狂暴的气体高速冲进 NGC4038 星系里，和这个星系的星际气体相撞，在剧烈的撞击中，一个又一个物质密度含量极高的弥漫星云形成了，而这里成为了孕育新恒星的摇篮。据估计，在这场星系吞噬过程中，将会有上百亿的恒星诞生，这就像一场盛大的宇宙烟火，新生的恒星陆续爆炸，释放出明亮的光线，宣告自己的诞生。现在，已经有很多恒星诞生了，它们聚集在密集的宇宙分子气团里，发出明亮的光，把自己所在的气团照射得一片明亮。

虽然这两个星系绝大部分的物质都

星系 NGC4038 和 NGC4039 形成一个形状复杂的组合星系

聚集起来，并且互相撞击，但是还是有极少数的物质逃逸了，在引力的潮汐效应影响下，这两个星系都把一些物质抛洒在自己走过的道路上，形成两条细长的旋臂状结构，这个结构使整个星系看起来就像是一个长有触角的昆虫，或者是一个天线。这个结构的作用可不止于观看，天文学家通过分析这两个触角，可以获得许多关于星系吞噬的信息，比如分析这两个星系开始显著的互相吸引的时间等。

　　吞噬的星系产生了大量的恒星，而这些恒星则聚集成星团，如果是一个大星系吞噬了一个很小的星系，那么诞生的很可能是疏散星团，这也是为什么银河系的疏散星团大多在星系边缘的原因之一。当遇到大规模的星系吞噬现象的时候，在两个星系没有完全合并以前，新诞生的恒星就有可能组成稳定的球状星团，当这两个星系完全融合的时候，球状星团也已经被吸入了新星系的内部，这也是为什么球状星团大多位于星系内部的一个原因之一。

　　天线星系通过自身的变动，为科学家提供了丰富的实际资料，验证了一些关于复杂天体形成的理论，同时一些新出现的问题也会促使天文学的发展。

星系的瓦解

现在一些科学家抱有这样一种想法：宇宙中所有的星系最终会被瓦解，这只是时间问题。我们不管这种"诸神的黄昏"式的结局是否最终会来到，但是就目前的观测而言，星系的确会瓦解。

不像一个原子那样，星系的结构实际上并不紧密，如果宇宙要破坏一个原子的结构，那么这个物体的万有引力就要非常巨大，比如像中子星那样的条件才行。但是要让一个星系瓦解，只要向组成这个星系的不同部分施加大小不同的引力就可以了，而这个引力相对中子星上的引力来说非常渺小。有时候强烈的撞击会使一个星系受到致命的伤害，进而导致这个星系走向瓦解，但是这个星系一般不会完全瓦解。

戒指星系是一个横躺在离我们有 3 亿光年距离的宇宙空间的不规则星系，它有一个十分明亮而广阔的光环，和车轮星系一样，它的形状也是在遭受到一个致密的小星系撞击后形成的，这个过程发生在数 10 亿年前。戒指星系的光环非常庞大，它的直径约有 15 万光年，比我们的银河系还要大。不仅如此，这个由明亮的恒星和气体物质构成的巨大的光环还以很高的速度扩散，虽然它的星系核心十分紧密，而且质量庞大，但是它的万有引力对这个光环的限制却非常地

AM 0644-741 有一个美丽的蓝色亮光环，人们称它是戒指星系。

哈氏天体

薄弱。在一段时间以后，除了靠近星系核部分光环的物质以外，远离星系核的物质都将飘散到宇宙空间之中，而这个戒指星系也会瓦解。

像这些撞击引起星系瓦解的事件在宇宙中极其罕见，大部分星系的瓦解是和附近大质量天体的吸附有关。可以想象，当一个结构并不稳定的小星系在路途中遇到强大的星系的时候，它就很有可能在大星系的吸附下面临瓦解，即使它还没有被这个大星系吞并，比如我们熟悉的麦哲伦云，它们就在银河系的吸附下逐渐地瓦解。

在巨蛇座距离我们有 6 亿光年远的宇宙空间里有一个直径达 10 多万光年的奇怪星系，因为它是天文学家阿特·哈格在 1950 年的时候无意间发现的，因此被称为哈氏天体。哈氏天体的形状类似指环星系，但是天文学家没有在它附近找到可疑的星系或者残迹，因此直到今天也不知道它是被什么天体瓦解的，一些科学家猜想它可能是在 30 亿年前经过一个小星系的时候，因为互相吸引，所以这两个星系中的一部分物质被抛洒出来，形成了光环。哈氏天体的中心是明亮的物质密集区域，而比较暗淡的光环则是由星际气体物质和新生的恒星组成的。在哈氏天体的背景中，天文学家还发现一些带有光环的星系，这些星系可能遭受同样的经历。

对于很多单独存在的不规则星系，尤其是那些中心不明显的星系，它们的结构不稳定，所以在遭遇大星系的时候，经常成为受害者，面临被瓦解的命运，有的时候，它们内部的恒星也会促使它们瓦解。

瓦解后的星系

在宇宙中，天文学家们有时候会发现一些在星系外单独存在的星团，或者是星团和星际物质，一些科学家猜想这些星团可能是在星系瓦解的过程中被抛出来的。它们因为结构足够稳定，能够抵挡大质量天体的引力差，保证自己的存在，但是它们却不能较好地存在于星系之间，所以就被抛洒了出来，成为漫游在茫茫宇宙中的孤单的天体。

星系团

到今天，人类发现的宇宙区域的星系总数已经达到了10亿个以上，这些星系聚集在一个狭窄的空间里，形成一个个星系群，这些星系群包含有十多个到几十个星系，不过在星系群里一般不存在明显的聚集中心。如果许多星系群聚集在一起，就会组成更庞大的天体系统，这个天体系统就是星系团，一个星系团可能含有成百上千个星系，有的星系团的星系总数会更多，达到数万个星系。在星系团里，这些星系之间存在着引力作用，使整个星系团紧密地联系在一起。

由众多的星系组成的星系团也有自己的结构，因此天文学家们为星系团分了类，以区分具有不同结构的星系团，天文学家通常将星系团分为两类：一类是规则星系团，另外一类是不规则星系团。那些具有明显的球状而且对称的星系团称为规则星系团，或者称为球状星系团；而那些不具备球状对称性的星系团被称为不规则星系团，也称为疏散星系团。这种分类原则和命名方式与区分恒星组成的星团差不多。

球状星系团的成员非常地多，其所含星系数目一般都在1 000个以上，而且在这些星系中半数以上是椭圆星系。这些星系质量庞大，结构稳定，因此能够在互相吸引之下形成一个星系聚集中心，这个中心又吸引着外围的其他星系，使它们保持有序的分布。当然

哈勃太空望远镜拍摄的大熊座星系群，距离地球100多亿光年。

Abell 2218 星系团

有的球状星系团的成员数目比较少，但是它们也有可能保持规则形状，比如球状星系团北冕座星系团的成员虽然只有 400 多个，但是因为它们非常地集中，彼此之间的引力作用较大，因此保持了稳定的对称球状结构。

疏散星系团一般范围都非常大，因此它所含的成员数目一般也很多，但是因为没有中心星系集中区，因此疏散星系团的结构分散，没有一定的形状。与规则星系团不同，在不规则星系团中存在各种类型的星系，其中数目最多的就是那些质量很小的暗淡矮星系，这些矮星系围绕在中心星系的旁边，形成一个个单独的星系群，然后这些星系群再组合成疏散星系团，这样整个疏散星系团的范围就可以扩散得非常广大，而它总的成员数目差别也很大，有的疏散星系团的星系数目只有几百个，而大型的疏散星系团的成员数目有数千个。

作为目前人类发现的最庞大的天体系统，天文学家对星系团的研究十分重视，因为在星系团里，各种类型的星系之间的引力限制和影响着它们的运动，这为天文学家研究星系的运动和演化提供了非常多的资料，使天文学家拥有足够的证据来判断一个星系未来的发展趋势。而对星系团分布的研究也可以为科学家提供一个研究宇宙发展和变化的有力帮助。

星系团与宇宙

早在 20 世纪初期哈勃在观测太空的时候，他就发现几乎所有遥远的河外星系都在向着远离地球的方向扩散，因此他得出了一个结论：宇宙正在膨胀之中，而且他还发现了以自己名字命名的定律。通过测量哈勃常数，人们就可以得到宇宙的年龄，在观察星系团的运动中，天文学家可以获得更精确的哈勃常数，进而确定宇宙年龄。

室女座星系团

　　星系团在我们可观测的天空中到处可见，在室女座方向上就有一个著名的疏散星系，它就是室女座星系团，这个星系团所占的区域非常大，它在天球上的投影是月亮的 10 倍。在这个巨大的星系团内存在着各种类型的星系，椭圆星系、螺旋星系和不规则星系到处都是，据天文学家估计，在室女座星系团内就有 2 000 多个各种星系，因此这个星系团的质量非常之大。

　　室女座星系团里的成员非常复杂，除了普通的星系以外，还有大量的飘散的气体分子云，这些气体分子云的温度非常高，甚至可以辐射出能量很高的 X 射线，据科学家推测它们的能量可能来源于刚刚形成的星系，因为疏散星系的成员都是非常年轻的椭圆星系。

　　室女座星系团离我们大约 6 千万光年的距离，有在梅西叶星表中记录的 30 多个河外天体中，有 16 个天体是属于室女座星系团的。这个质量巨大的星系团不仅在以很高的速度扩散，而且还在吸引着周围的星系或星系团，使它们向自己坠落。据天文学家观测，室女座星系团正在以大约每

▶ 室女座星系团的中心区域

秒1200多千米的速度远离我们，但是地球上观察到这个星系团的视速度大约是每秒钟1000千米，这也说明我们的银河星正在向室女座星系团坠落。

根据观测的结果，科学家计算出室女座星系团的质量大概是太阳质量的1千万亿倍，但是就目前天文学家估计到的室女座星系团的恒星数目来说，它们的质量总和远小于这个星系团的质量，因此现在许多人认为这个星系团里存在着大量不为人知的"暗物质"，这些"暗物质"使整个星系团保持稳定。

在室女座星系内有很多非常明亮的星系，比如 M85、M87、M90 和 M100 星系。M85 星系是室女座星系团中最明亮的星系之一，它是一个比我们银河系还要庞大的椭圆星系，位于室女座星系团的最北边。虽然 M85 距离我们约有 6 千万光年的距离，但是其视星等却高达 9.1 等，我们只需要用小型的天文望远镜就可以把这个星系看得清清楚楚。M87 是室女座星系团里最亮的星系，也是整个星系团的中心天体，它距离地球也大约有 6 千万光年，而视星等则达到了 8.6 等，这个巨型椭圆星系被称为室女座 A，它的体积和质量要比银河系大，而且还是一个强大的射电源，向外辐射出 X 射线。M100 也是室女座星系团中最明亮的星系之一，它是一个正常的螺旋星系，在致密明亮的星系核外围围绕着两条长长的清晰旋臂，旋臂中布满新生的恒星和弥漫星云。

作为离银河系最近的大型星系团，室女座星系团成为人类研究星系间相互作用和星系团演化的最好的实验室，所以这个星系团也成为天文学家关注的重要目标。

88000 光年

400 光年

星系 NGC 4261 是室女座 12 个最明亮的星系之一。上图中央白色区域是星系盘，它由数千亿颗恒星组成。图中的橘红色及上右图则是由射电望远镜获得的 HST 图像。上左图显示了星系中心向相反方向喷出长达数万光年的离子气流，这是星系中心存在巨大黑洞的证据。上右图为星系中心。

本超星系团

巨大的室女座星系团和我们银河系所在的本星系团构成了一个称为本超星系团的复杂结构天体，它因为质量庞大而成为本超星系团的中心，而我们银河系所在的位置只是这个本超星系团的外围。

后发座星系团

后发座虽然是一个暗淡的小星座，但是它却是恒星最密集的星座，而且这个星座对天文研究有很大帮助，因为在这个星座内有一个十分庞大的星系团，这个星系团的成员有上万个，如果你用一台天文望远镜观看后发座区域，那么被你看见的天体很可能都是星系。

后发座星系团虽然是离我们最近的星系团之一，但是它发出的光还是要在宇宙深空中旅行 3 亿多年的时间才能到达我们的眼睛。后发座星系团也是一个非常密集的星系团，在 2 千万光年的范围内，数千个星系紧紧地吸附在一起，构成一个紧密的规则星系团。正如前面所说的，在这个星系团里有很多的巨型椭圆星系，这些椭圆星系大多处于星系团的中心区域，也许其中一些椭圆星系曾经是螺旋星系，但是因为其他强大的星系的引力作用，它们的旋臂差不多都已经消失了。这个星系也有一些螺旋星系，不过大多分布在星系团的边缘。

后发座星系团至少含1 000个亮星系，通过相互间的引力维系在一起，像蜂群一样在空间整体运动。

在后发座的边缘有一个编号为NGC4881的聚星椭圆星系，用天文望远镜看来它几乎就是一个发出明亮光线的椭圆形天体，没有旋臂结构。因为距离地球遥远，这个星系的推行速度达到7 000千米每秒，是室女座星系团推行速度的6倍。在后发座星系团里，这些明亮的椭圆星系把自己内部的气体加热到上千万度，激发这些气体辐射出大量的X射线，但是这些炽热的气体却被椭圆星系强大的引力束缚着，并不能大量逃离星系。不过因为观测数据有限，后发座星系团的X射线辐射仍然在研究之中，天文学家还没有得出最后的结论。

因为银河系存在大量的宇宙灰尘，这些宇宙灰尘会对人类的天文观测产生很大的影响。所以人们就要依靠仪器来消除灰尘对观测的影响，但是有一些天体因为远离银心区域，因此便于观察，对于我们人类来说，后发座星系团就是这样一个理想的观测目标。在宇宙中，有很多星系团含有的星系数目都没有后发座星系团多，而且这些星系团到太阳系的距离也比它要远，而后发座星系团因为远离银心，因此没有被银河系的星际尘遮盖而变暗，便于天文学家进行观测。通过观测，人类已经获得了一些关于后发座星系团的资料，加深了对星系团的了解。

作为一个庞大而又密集的超星系团，后发座星系团有着强大的引力来维持自己致密的球状对称结构，但是它的可见质量产生的引力远远达不到维持自己形状的程度。因此它的存在也成为证明不可见的暗物质存在的强有力的证据，这些暗物质产生足够的引力，来吸附物质，保持星系团的形状，使星系团的成员不至于因为引力不足而从星系团逃散。

因为人类对后发座星系团了解得多，对它与太阳系之间的距离也了解得比较清楚，因此天文学家把后发座到太阳系之间的距离作为"宇宙尺度"，来衡量我们观察到的宇宙空间。

▼ 照片中左上方的巨大椭圆星系NGC 4881，它位于后发座星系团的边缘。

宇宙灰尘对天文观测的影响

在现实生活中，我们都知道离我们远的物体看起来就小，对于天文观测，这也是一样的。但是在历史上曾经出现过这种现象，天文学家发现一些距离远的天体的视觉大小比近距离同等天体还要大，他们一直不知道这是为什么。在确定了银河系存在宇宙尘以后，天文学家们才发现，原来是宇宙尘放大了远处天体的大小，因此后来科学家们设计了专门的仪器来消除这种误差。

武仙座星系团

在北天的武仙座区域里有一个美丽的不规则星系，它的编号是 NGC6050，以前的天文学家只是看见它是一团模糊的白雾状天体，但是通过今天先进天文望远镜的观测，我们发现它原来是一个处于两星系合并之中的不规则星系。在 NGC6050 星系的旁边有一个像一片叶子一样的星系，它的编号是 NGC6045，是一个狭长的螺旋星系，而它的叶柄可能是一个快要被这个星系吞噬的卫星星系。在 NGC6045 星系的上方有一个明亮的星系，它的编号是 NGC6043，一个明亮的椭圆星系。在 NGC6045 星系的下方还有一个椭圆星系，它的编号是 NGC6047 星系。其实在这个宇宙区域里还有很多星系，假设我们平均用 15 个字来描述每个星系，那么就要写数万字，因为在这个区域里有上千个星系。这些大大小小的星系的位置非常近，构成一个奇幻般的世界，不

▶ 武仙座星系团

过在这个充满了奇幻景象的宇宙区域里还包含有许多其他星系，这些星系通过引力结合在一起，构成一个庞大的星系团——武仙座星系团。

武仙座星系团距离我们大约有6.5亿光年远，这是一个非常巨大的宇宙群岛，聚集在这里的星系大多是螺旋星系，也有一些椭圆星系和不规则星系。因为武仙座星系团各成员分布得比较均匀，因此它没有聚集中心区域，因此它是一个不规则星系团。也正是在这个不规则的星系团里，天文学家发现了许多有趣的现象，比如一个编号为NGC6027的星系，在它的附近围绕了5个卫星星系，这样它们就构成了一个6重星系系统。这6

在NGC6027星系的附近围绕了5个卫星星系，这样它们就构成了一个六重星系系统。

个星系就像在一起跳舞的六个舞伴一样，它们的这场舞蹈已经持续了几十亿年，而且还将持续下去，直到最后形成一个更加庞大的星系。

武仙座星系团也不是一成不变的，这里的星系之间具有复杂的联系，因为彼此间的引力，这里的星系在互相撞击、吞噬和通过物质桥来交换物质，有一些星系的形状也因为邻居的吸引而变得扭曲了。与室女座星系团和后发座星系团相比，武仙座星系团离我们的确稍微远一点，但是这里仍然是天文学家观测的重要区域之一，在这里我们几乎可以观测到任何已知的星系相互作用现象，这样我们就可以研究这些现象对星系演化的影响，帮助我们解决一些难解的谜题。

如果你用一架小型天文望远镜观测武仙座星系团，你可能会发现一个类似没有尾巴的暗淡彗星的天体，它就是M80球状星团。这个球状星团虽然是一个庞大的天体，但是它距离我们只有约3.2万光年的距离，所以它只是看起来像是武仙座星系团成员，而实际上它离武仙座还远着呢。

现在科学家估计在人类观测到的宇宙中存在有上万个大小不一的星系团，这些是人类研究巨型天体运动和宇宙演化非常重要的对象，从这里，我们真实地了解了宇宙。

椭圆星系的寿命

椭圆星系是宇宙中最奇特的星系，在早期，天文学家们相信各种螺旋星系都是由椭圆星系发展而来的，因此椭圆星系在宇宙中存在的时间要比螺旋星系长，这个理论可以很好地解释椭圆星系为什么会有那么多老年恒星这个问题。但是根据现在天文学的观测，一些天文学家发现螺旋星系也可以转化为椭圆星系，因此含有多种星系类型的星系团成为天文学观测的重点目标。

太阳系

太阳

太阳是离我们最近的恒星，也是太阳系的中心恒星，我们地球上几乎所有的能源和热量都来自太阳，在人类的心目里，太阳就是光明和温暖的代表，而这颗照亮生命世界的恒星自古以来就受到人类的赞颂。

太阳目前也是人类研究得最清楚的恒星，虽然我们对太阳的活动还有很多不了解的地方。作为一颗处于主序星阶段的恒星，目前太阳正处于稳定辐射的时期，它内部的氢燃料在剧烈而稳定地燃烧着，使自己核心的温度达到了1 500万摄氏度，这样核心物质会向外辐射出大量光线。但是太阳温度衰减得也很快，等到了太阳表面的时候，温度就只有6 000K了，而这个温度使太阳表面的物质辐射的光线的颜色主要集中在黄色区，结果太阳看起来是一颗散发出金黄色光芒的耀眼恒星。

就现在我们对太阳的认识，太阳是一个距离我们约1.5亿千米远的恒星，它的直径约有139.2万千米，质量是地球质量的33万倍，几乎整个太阳系的质量都集中在太阳身上了。为了更好地研究太阳，科学家们把太阳从核心到边缘分为核反应区、辐射区、对流区和大气层这四个部分，太阳大气层又分为光

色球层　对流层　光球层　辐射层　日冕　日核　日珥　�..点

太阳的内部结构

球层、色球层和日冕层，其中太阳的光线大多是从光球层来的，我们平时看见的太阳，实际上是太阳那明亮的光球层。

太阳的活动也十分剧烈，有时候我们会看见太阳表面上有一些黑斑，这些黑斑被称为太阳黑子，是太阳光球层上一些较冷的区域。太阳黑子的形成与许多因素有关系，比如对流层物质的运动和太阳磁场的变化等。与此相对应的是太阳耀斑，当太阳的某一块区域的亮度突然增加的时候，这一块区域就显得异常明亮，这种现象就是太阳耀斑。太阳耀斑也和对流层的物质运动有关。有时候太阳表面还会喷发出大量的岩浆，形成一个高度达上 10 万千米的熔岩喷泉，这种现象称为日珥。日珥会因为温度降低，就在明亮的光球层上形成一道道暗淡的投影，这样就会形成一种称之为暗条的景象。

作为一颗处于中年的恒星，太阳也会向周围空间中抛撒大量的高速粒子，这就是我们常说的太阳风。太阳风对太阳系行星有很大的影响，它刮走了水星上的大气，在地球和土星等行星上制造了激光现象。不仅如此，太阳风还改变了地球磁场的分布，这对地球上人类生活有很大的影响，而太阳风也把太阳系清理得非常干净，星际气体在太阳附近非常少见。

现在科学家认为太阳内部正在进行剧烈的聚变反应，这些聚变反应改变了太阳上物质的成分，但是太阳也含有一些重元素，这些重元素是在前代大质量恒星之中合成的，这些大质量恒星爆发以后，这些重元素被抛撒出去，被原始的太阳吸收，成为自己的组成部分。我们地球上的重元素也是这么来的。

以月球观测者的视角，以色列画家海法描绘出了这张合成影像。一张由"阿波罗"17 号拍摄的地球影像中，当日光穿过地球尘埃的大气层后，地球周围环绕着一层红色的薄雾。在图的左上方，太阳刚刚从地球的边缘出现。

水星

当远古的人类仰望星空的时候，闪烁着明亮星光的行星——水星很快就被人类觉察到了，不过水星并不能自己发光，它只是反射了太阳光而已，太阳系内其他的行星和卫星也是如此。水星是离太阳最近的一颗行星，它虽然名为水星，但是却没有一滴水，这是因为水星上的温度很高，即使有一点水，也会蒸发到大气中，最后被强烈的太阳风刮走。水星上温差特别大，最低的时候可以达到零下100多摄氏度，而最高的时候会达到400多摄氏度，这是因为水星上大气及其稀少，所以热量无法有效地传递。

从大小上来说，水星是现在八大行星中最小的一个，甚至一些行星的卫星也比它要大，而它自己没有卫星，这也是太阳系里没有卫星的两颗行星之一，另外一颗是金星。因为距离太阳近，水星运行的速度也很快，它围绕太阳转一圈大约需要 87 天的时间，而自己自转一周大约需要 57 天的时间，这样当水星自转三周后，它围绕太阳旋转了两周，如果我们能在水星上生活，就会发现要过两年时间，总能看到一次日出日落。而且

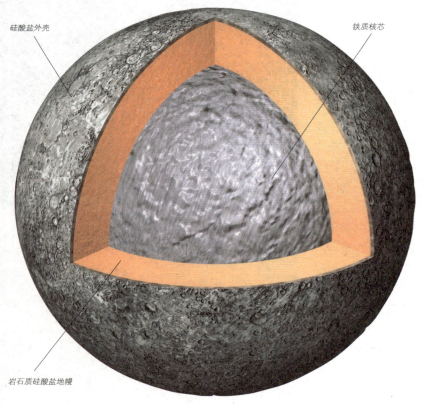

硅酸盐外壳

铁质核芯

岩石质硅酸盐地幔

▼ 水星的内部结构

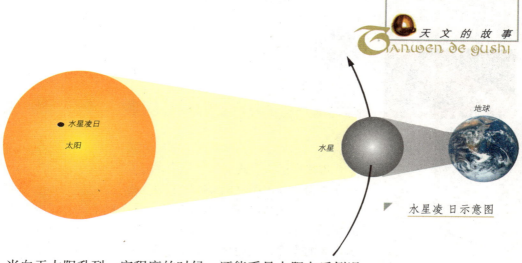

▶ 水星凌日示意图

当白天太阳升到一定程度的时候，还能看见太阳向后倒退的现象。

在历史上牛顿建立起万有引力定律以后，这个理论成功地解释了太阳系天体的运动，但是对水星的运动却有点无能为力，因为水星轨道轴线在慢慢地改变，这种现象被称为水星轨道运动，而利用牛顿力学计算的水星轨道总是和实验观测结果有一些差别。当时人们都认为这是因为一颗未知的行星扰乱了水星的运行，所以水星的轨道才产生了出乎意料的变化，而且这颗行星被人们称为祝融星。在20世纪初期，爱因斯坦在提出广义相对论以后，提出了新的解释水星轨道运动的原因，这个时候人们才放弃了寻找祝融星的计划，而这个例子也成为广义相对论最有力的事实支持之一。

水星也有剧烈的地质运动，现在人们在水星上发现了许多火山、盆地和平原，这些地质构造说明水星曾经经历过火山喷发等剧烈的地质运动。另外，和其他星球一样，水星也免不了被陨石撞击的遭遇，因为大气稀薄，因此这些陨石坑保存得也非常完好，坑坑洼洼的陨石坑向我们展示了水星曾经遭受的创伤。

虽然水星与我们地球之间的距离比较近，但是人们至今还没有对水星进行过仔细地观测，因为水星太靠近太阳了，许多精密的光学天文望远镜都不敢直接观测水星，害怕望远镜里的精密仪器被强烈的阳光破坏。后来，人类向水星发射了探测器，获得了一些关于水星的数据，这些数据帮助我们更好地认识水星。

直到今天，人类依然渴望更多地了解水星，通过研究水星，我们可以窥探太阳系形成早期的一些奥秘。

水星名称的变化

在古希腊，因为人们还没有发现水星运行的规律，因此把同一颗行星误当作是两颗行星，于是给它起了两个名字，分别是阿波罗和赫耳墨斯，意指这颗行星是太阳神或众神的使者，直到后来古希腊天文学家发现这原来是一个行星，它才得到一个统一的名字——莫丘利。

金星

　　古代中国人发现有一颗明亮的星星会在太阳升起以前，在东方天空发出明亮的光芒，于是就给它起名为启明星。而有时候，但太阳刚刚下山，就有一颗亮星出现在天空西方的彩霞之中，于是就称这颗星为长庚。后来经过不知道多少代人的观察，人们终于发现这两颗星星原来是同一颗星，并称它为金星。

　　金星是离太阳第二近的大行星，在所有的太阳系大行星当中，它的体积只比水星大，但是和水星不同的是，金星有厚厚的大气。金星的大气可不像地球上的空气，它的大气的主要成分是二氧化碳，而二氧化碳是出了名的保温气体，在温室效应下，火星上的温度很高，大约有450多摄氏度。火星大气中也含有硫磺，这些硫磺是从喷发的火山中来的，它们把火星的乌云染得一片金黄。因为火星中不同层大气因为运动速度不同，它们之间距离的摩擦产生了带有不同性质电荷的云，当两片带有不同性质电荷的云相遇的时候，强烈的闪电就会在两层乌云之间穿过。

　　金星围绕太阳公转一周需要224.7天，而自己自转一周却需要243天，也许有的人会依据这个认为金星上的白天和黑夜时间很长，实际上金星上的白天和黑夜的时间要比想

硅酸盐外壳

岩石地幔

铁和镍核

▼ 金星的内部结构

太阳

在金星公转的一个周期中，金星上只能看到两次太阳西升东落

金星的位相示意图

象的短得多，因为金星的自转方向和地球是相反的，所以虽然金星的自转速度很慢，它的一个半球面被太阳照射的时间比它自传周期的一半要短得多。金星的运动还有一个特点，就是它的轨道是所有大行星中最接近正圆的。因为金星离地球近，而且自己的体积又比较大，因此在我们看来，它非常明亮，在正常情况下金星的视星等非常高，在晚上它的亮度仅次于月亮。

对金星表面影响最大的是来自它内部的岩浆，这些岩浆从金星表面薄弱的地方喷发出来，形成一个个火山，而它们的岩浆则在金星表面四处横流，构成了一个个平坦的平原。在太阳系里每一个大行星都曾经遭受陨石的袭击，环形山就是这些陨石撞击留下的遗迹，但是金星浓密的大气保护了它的表面，当陨石从天而降的时候，它们在落到地面以前就焚烧殆尽了，即使一些大陨石能够落到金星的表面，通常也已经在大气中炸裂了，然后在金星表面留下一些较小的环形山。现在金星上高度最高的一座山有1万多米高，比地球上最高的山峰珠穆朗玛峰还要高，而金星上一条穿越赤道的峡谷长达1 200千米。

为了进一步了解金星，人类向金星发射了几次行星探测器，从1961年前苏联向金星发射第一颗人造探测器"金星"1号起，人类已经陆续向金星发射了十多次探测器了，这些探测器近距离探索金星，并且获得了很多关于金星的资料，帮助人类认识这个离我们最近的大行星。

金星凌日

因为金星处于地球和太阳之间，所以有时候我们会看见金星的影子从太阳表面经过，这种现象就是金星凌日现象。金星凌日现象是以组来分周期的，每组金星凌日之间的时间间隔有数10年，而一组金星凌日包括两次金星凌日现象，这两次现象之间间隔的时间是8年。对于太阳系来说，只有水星和金星才能产生行星凌日现象。

地球

　　地球是太阳系里一颗充满生机的大行星，它在距离太阳大约 1.5 亿千米的轨道上运行，这个距离刚刚好，于是地球成为包括人类在内的所有生命生长和繁衍的唯一场所，对人类具有决定性影响，被人类称为生命的摇篮。我们都知道我们所在的星球叫作地球，这也是这个星球最常用的名字，它还有另外一个名字，就是盖亚，这是古希腊神话传说中大地之母的名字。

　　地球是所有天体中最被我们熟知的天体，因为它是我们的家园。我们知道地球上有广阔的太平洋，最大的大陆是欧亚大陆，最高的山峰是珠穆朗玛峰，最低的海沟是马里亚纳海沟，而且现在地球也是我们所知的含水量最大的太阳系行星，除了海洋里含有的大量海水以外，陆地上也有大量的江河湖泊，储存了大量的淡水。

　　据考证，地球的年龄至少有 46 亿年了，在这 46 亿年的时间里，地球从一个普通的行星发展到今天，成为一个生机盎然的世界，这与地球的运动有着十分紧密的联系。地球在太空中围绕太阳运行，而且自身也在不断地转动，于是地球上有了白天和黑夜，有了四季交替变化，而因为地球的形状大致上是一个球形，所以产生了气候不同的区域。

　　在地球的高纬度区，就是我们通常所说的极地，是一个气候十分寒冷的地区，斜照在这里的阳光丧失了很多能量，显得十分微弱，而极地覆盖的厚厚的冰雪又把大量的阳光反射出去，更降低了极地的气温，

地壳

地幔

外地核

内地核

▼ 地球的构造

要不是有海洋，这里的温度可能会更低。在极地，只有一些非常耐寒的动物才能生存下去。

从极地向赤道出发，我们首先来到了寒带，这里平均气温只比极地高一些，植被以针叶树木和草类居多，因为天气寒冷，只有少量

12月22日是南半球夏季的开始，也是北半球冬季的开始

6月22日是北半球夏季的开始，也是南半球冬季的开始

▶ 四季形成示意图

的动物可以在这里生存。地球上一些寒带地区还有部分草原，这里没有什么高树，而是各种野草的世界。

温带处于四季分明的纬度上，世界上大部分国家都处在温带。当春天的脚步来临的时候，这里万物开始复苏，植物开始发芽，冬眠的动物开始寻找食物，一起开始恢复生机。随后就是炎热的夏季，因为充沛的降水，植物迅速生长，把这里装扮成一个翠绿的世界，很多动物也换上了凉快的短毛。转眼间秋天到了，因为气候变冷，植物开始为冬天准备，高大的树木的叶子落了，草也枯萎了，动物也开始准备过冬的食物。而在寒冷的冬天里，温带仿佛进入了寒带荒漠般荒凉的世界，一切又重归寂静。

在地球上平均温度最热的热带地区，这里有广阔的海洋，大片的热带雨林，以及数量繁多的生物物种，成为地球上对生物生存最重要的区域。

因为地球的轨道在慢慢地变化，因此我们头顶的星空也在变化，这对我们观测星空也有很大影响，比如我们知道现在的北极星是小熊座阿尔法星，但是在数千年前地球上的人看到的北极星是天龙座阿尔法，这是因为地球岁差造成的，但不管怎样，目前地球仍然是人类观测宇宙的唯一平台。

地球的形状

自古以来人们对地球的形状就有争论，因为落后的观测手段，在上千年的时间里大多数人认为大地是平坦的，而天空是弯曲的，直到16世纪麦哲伦环球航行成功以后，人们才相信地球是球形，但是这个时候争论又集中在地球是椭球还是扁球型。今天通过精确的测量，我们知道地球赤道直径比两极之间的直径大，而地球中心到南极的距离比到北极的距离短，这样地球成为了一个具有特殊形状的天体。

月球

　　月球是距离我们最近的自然天体，科学家们对于月球陪伴了地球的时间还没有统一的意见，有的人认为它是和地球一同诞生的，有的人认为它是被地球俘获的天体，而现在的科学探测表明月球的年龄和地球很接近。不管它是怎么来的，月球是我们地球唯一的天然卫星，也是目前唯一一个被人类亲自探索的天体。

　　在人类出现以前很早的时候，月亮就开始照耀着大地，于是人类把月亮当作是天空中最重要的天体之一，实际上直到今天它依然是最重要的天体。第一个用望远镜仔细观测月球的科学家是伽利略，他用自制的望远镜发现了月球上有大片阴暗区域，但是却以为这里被海水覆盖，称这里为海洋，并为这个海洋取名为静海等，直到更加先进的天文望远镜出现以后，天文学家们才发现这里只是月球表面低洼的地区。在月球上有很多环形山，考虑到月球无法产生火山，科学家认为这些环形山极有可能是撞击在月球上的陨石造成的，因为月球上没有大气和水流，因此这些陨石撞击的遗迹完好地保存了下来。现在人类找到的月球上最深的环形山是牛顿环形山，它的深度有8 700多米深。

月球表面

因为月球围绕着地球运转，所以它的面庞每天都在发生变化，有时候像一个月牙，有的时候像一个银盘。因为月球自传周期和它围绕地球运转周期是同步的，因此在地球上永远只能看到它的固定的一面，而它的背面是看不到的，直到现代人类向月球发送了探测器以后，月亮背面的样子才被人类发现。月球围绕地球旋转的轨道并不是正圆，而是一个椭圆，这样它的轨道就有近地点和远地点，当月球运行到近地点的时候，它的自转速度要比公转速度慢一些，这样它就会把背面的一小部分露出来，被地球上的观察者看到，月球运行到远地点的时候，它

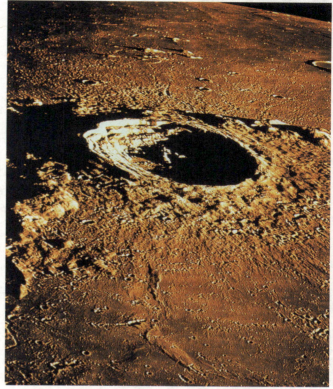

▶ 月球上的第谷环形山

的自转速度又比公转速度快，这个时候它也会把背面的一部分露出来，这样我们实际上可以看到月球的大半部分，月球的这种运动就被称为天秤动。

　　月球围绕地球旋转一周只需要 27 天多的时间，但是我们观测到的一个月的时间是 29.5 天，这是因为月球在自传的时候，还在和地球一起围绕太阳运转，所以我们在地球上观察到的一个月的时间要比月球实际公转速度快一些。

　　月球在围绕地球运转的时候，有时会遮挡住射向地球某个区域的阳光，于是在这个地方的人看来，太阳缺少了一部分，或者几乎完全消失，只留下一串珍珠般的明亮斑点，这种现象就是日食。有的时候，月亮会运行到地球背面，被地球遮挡住，这个时候的月球变成了一个暗红色的星球，这就是月食的成因。

　　虽然月球距离我们很近，而且人类也曾经登上了月球，但是仍有很多不解之谜等着人类继续去探索。

寂静的世界

　　月球上没有空气，所以不可能传播声音，即使是近在咫尺，登月宇航员也只能用无线电来互相通话，所以这里是一个寂静的世界，即使一个陨石撞击到月球表面，也不会出现巨大的爆炸声。月球的质量比地球小得多，因此它对物体的吸附能力也小得多，一个在地球上能跳 1 米高的人在月球上可以跳 6 米高，不过没有哪个航天员会检验这个理论，因为在月球上跳高是不明智的。

火星

　　火星是一颗散发出火红色耀眼光芒的行星，它不停地穿梭于众星之间，犹如战神一般，因此古希腊人用战神玛尔斯的名字来命名这颗行星。火星虽然明亮，但是它的亮度却是在周期性改变的，这与它离地球的距离有关，在最暗的时候，火星的视星等达到了1.5，仍然是一颗明亮的行星，但是在最亮的时候，它的视星等达到了-2.9，比全天最明亮的恒星天狼星还要明亮。由于火星的亮度不断地变化，而且位置也不固定，因此古代中国天文学家称火星为"荧惑"。当这颗行星在天球上的投影运行到超红巨星心宿二附近时，这种天象就称为"荧惑守心"，在地面上的人看来这两颗星星非常接近，而实际上它们之间相距很远。

　　火星是一个比水星略大的行星，它的轨道距太阳的平均距离是2.2亿千米，其自转周期与地球很接近，大约是24.6小时，但是它的公转周期却有686天，几乎相当于地球公转周期的两倍。火星之所以是火红色，这是因为它表面物质中含有较多铁的氧化物，这些物质会把射入火星的阳光中的红色和黄色光反射出来，使火星反射的红色和黄色光增加，所以它的颜色就偏向于橘红色。正是因为这样，火星获得了一个"生锈的世界"的称号。

　　▼　围绕地球旋转的哈勃天文望远镜于2003年6月26日拍摄了这张照片，当时火星距离地球约6 800万千米，是自1988年以来距离地球最近时。

火星上也存在大气，它的大气的主要气体成分是二氧化碳，虽然二氧化碳是保温气体，但是火星表面的平均温度是零下63摄氏度，非常寒冷，这是因为火星上的大气非常稀薄，不容易积攒热量，所以火星上的温室效应不太明显。火星一共有两个卫星，它们分别是火卫一和火卫二，它们的正式名称是福波斯和德瑞斯。火卫一的直径只有3000多千米，看起来好像一个病快快的马铃薯，从个头上来说，它算是太阳系行星卫星中比较小的一颗；火卫二的直径只有12.6千米，是太阳系里

用连拍照片依据背景星点数字叠合的火星逆行图片，火星就像是在天空中绕了一圈。在这一圈的最上端地球刚好领先火星，此时的逆行运动最快。逆行运动也会发生在太阳系的其他行星上。影像中心右边的点线是天王星正在做着同样的一件事。

最小的行星卫星，因为这两颗卫星的一些性质和小行星带上的小行星非常相似，因此一些科学家推测这两颗卫星是从小行星带中被抛出来后，被火星俘获，成为火星卫星的。

在9世纪的时候，意大利天文学家斯基阿帕雷利用一架天文望远镜观测火星表面的时候，发现火星表面有模糊的直线条。这个发现引起了一位美国人洛韦尔的注意，他经过多年的观测，证实了斯基阿帕雷利的发现，并且提出这些直条是火星人开凿的人工运河，当时天文观测手段落后，所以没有哪个天文学家能反驳洛韦尔的猜测。洛韦尔在公布了自己的发现和猜测以后，人们立刻对火星生命产生了很大的兴趣，最后直到美国发射火星探测器以后，这场火星人闹剧才慢慢停止。

在20世纪70年代，火星探测器"海盗"1号发送回来一张照片，照片上竟然有一个酷似人脸的大型物体，这张照片又一次引起了人们关于火星人的争论，不过现在更精确的照片证实这个所谓的人工建筑只是一座普通的山峰。

火星上的大峡谷

在火星赤道附近，有一个巨大的峡谷，这个大峡谷被称为水手峡谷，它约有3000千米长，最宽的地方大约有600千米，最深的地方超过了8千米，像一道巨大的伤疤一样躺在火星的表面。科学家推测这个峡谷可能是火星剧烈的地壳运动造成的。

木星

木星是太阳系行星中最庞大的一颗行星，它的质量比太阳系所有行星质量之和还要大，但是它的体积也非常庞大，半径约有 7.15 万千米，它的轨道到太阳的平均距离大约是 7.8 亿千米，绕日公转周期大约是 12 年。因为木星绕日公转的时间正好使它穿越黄道一周，所以木星也称为岁星，被用来计年。

从地球上用肉眼看来，木星是天空中一颗非常明亮的行星，它的亮度只比太阳、月亮和金星低，有的时候火星的亮度会超过它，也正是因为自己的明亮程度，早在史前时期，木星就被人类认识了，尽管在这些明亮天体中只有太阳才能自主发光，其他天体都是反射太阳光的，但是在古人看来它们就是天空的主宰。

木星是一个被厚厚的大气围绕的行星，它的核心是由密集的固态物质凝聚而成的，而对它的直径大小贡献最大的是自己的大气，因此它和地球等类地行星完全不同，是一个巨大的气体行星。不像其他行星，木星的大气主要是氢气和氦气，这使它看起来像是一个失败的恒星，但是因为它的质量太小，而且有一个石质的核心，因此它只能被当作是行星。据推测，当原始的太阳在形成后产生了剧烈的爆炸，有许多的物质被抛撒出去，形成了各个行星。而位于现在木星这个位置的物质较快地组合在一起，形成一个大质量的行星核，而被新生的太阳吹出的太阳风所激发的氢气分子和氦气分

▶ 木星的五个卫星

木卫五　木卫一　木卫二　木卫三　木卫四

子正好在这里特别集中，于是就有许多氢气和氦气被吸附到行星核上，把行星核重重包裹起来，最终演化为木星。

木星并不是孤独地存在于宇宙之中的，目前人类发现木星至少有 16 颗卫星，其中木卫一到木卫四这四颗卫星

木星大红斑是一个已存在数百年的巨大风暴系统

都是伽利略率先发现的，而且他通过分析认为这些卫星都没有绕地球旋转，这成为打破地心说的最有力的证据之一。

木星在太阳系中是一个非常奇特的行星，因为它的外围都被厚厚的大气包裹着，因为温度剧烈降低，它的大气中一些气体开始液化和固化，因此在木星的表面是一个冰冷的世界。极低的温度，再加上巨大的压强，即使是难以液化的氦气在木星表面都成为了液态，而氢则变成了液态金属氢，正是这层流动的金属氢为木星建造起强大的磁场。

每一个看到木星照片的人都会被它那多变的色彩所吸引，在木星不同的纬度上有着不同颜色的条带，这些条带把木星装扮成一个系着不同颜色束带的庞然大物。科学家推测这些不同的颜色是因为这些大气中含有少量不同物质造成的，当木星大气剧烈地运动的时候，这些物质就会随着木星大气产生变动，于是我们就看见一个充满了红色、黄色和白色的行星。

为了更好地探索木星，人类已经向木星发送了好几颗探测器，其中最有名的就是"伽利略"号木星探测器，它以很近的距离对木星做了详细的观测，向地球发送回来了许多有价值的数据，帮助人们更深刻地了解了木星的运动和大气变化。在完成任务以后，"伽利略"号探测器最后坠毁在木星上。

▶ "旅行者"号探测器携带了最尖端的技术，对木星进行探测。

木星的大红斑

早在 3 个世纪以前，天文学家就观测到木星上存在一个巨大的红斑，这个大红斑的体积比两个地球还要大。现在科学家认为这里是木星大气中的高压区，这里的气体比周围环境的温度要低，导致大气密集，因此它的颜色也要比木星其他地方鲜艳，在我们看来，它就是一个大红斑。

土星

　　和木星一样，土星也是一个巨大的气体行星，它的大小和木星差不多，但是质量却要比木星小得多，因此它的密度非常小，如果我们可以把土星放在一个巨大的海洋里的话，那么我们会看到它漂浮在水面上。

　　土星轨道平均距离太阳约14.3亿千米，因此它在自己的轨道上运动一圈需要大约29.5年的时间。虽然土星公转周期比较长，但是它的自转却很快，由于土星外层也是由浓厚的气体构成的，因此土星不同纬度的自转速度不一样，其中自转速度最快的区域是土星赤道，在这里自转周期只有10个小时多一点。土星上也有四季，虽然它的夏季持续的时间长达7年，但是因为土星距离太阳实在太远，所以即使在夏季，土星的温度也很低，只有大约零下140摄氏度。现在人们认为土星也有一个坚固的行星核，行星核外层是固态冰层，冰层外面则是液态金属氢和其他液态气体，而液态气体外面则是土星大气，其主要成分仍然是氢气和氦气。

　　土星最迷人之处就是它有一个明亮而美丽的光环，这层光环并不是连续的，而是有间隔的，这些间隔区像缝一样，因为卡西尼最先观测到土星光环中暗缝的存在，因此这条暗缝被称为卡西尼环缝。虽然卡西尼很早就提出土星光环是由小颗粒物质组成的，但是直到20世纪科学家用分光探测才证明了他的想法是对的。因为土星在绕太阳公转的时候，就会以不同的方向对着地球，这样它的光环也会以不同的角度面向地球，当光环正面对着地球的时候，我们就可以看见明亮而清晰的土星光环；当土星光环侧对着地球的时

土星光环的紫外光谱

▶ 土星和它美丽的光环

候，它就变得模糊不清，甚至完全看不见。

　　早在19世纪中叶，麦克斯韦就从理论上证明了土星光环是无数颗围绕土星公转的小卫星构成的，但是今天如果我们把土星光环中所有的颗粒都看作是土星卫星的话，那它就成为太阳系卫星最多的行星了，所以现在我们只把那些异常明亮的光点才当作是土星的卫星。土星光环中大多是冰块，其中夹杂着许多石块，而卡西尼环缝里并不是一无所有，而是有一些反光率很低的石块物质。

　　土星是目前太阳系拥有卫星数目最多的行星，在20世纪80年代的时候，人类就已经发现了至少17颗土星卫星，但是科学家相信土星还拥有更多的卫星。在土星所有的卫星中，距离最近的是土卫十，它距离土星只有约16万千米，如果再降低一些，这颗卫星就要被庞大的土星吞噬了。土星的卫星种类多样，每颗卫星的构成成分也有很大差别，比如有的土星卫星拥有复杂的内部结构，而有的卫星则十分简单，就是一个大块的石头。

▶ 土星和它的卫星

　　土星大气运动也比较剧烈，它上面有时候会出现一个巨大的白斑，甚至比地球还要大，因此这个白斑也成为土星的标志。和木星的大红斑不同的是，土星的白斑持续的时间要短得多，科学家推测土星白斑的形成和土星上的氨和土星运动有密切的关系，每隔大约30年，土星白斑就会出现一次，这个白斑一般只持续几个月时间，所以很难观测到。

提坦星

　　1655 年 3 月 25 日，荷兰天文学家惠更斯把自制的天文望远镜对准了土星，这次他无意间发现了一颗土星的卫星，后来他为这颗卫星取名为提坦，这就是现在著名的土星卫星土卫六，它也是人类发现的第一颗土星卫星。

　　提坦星的直径有 4 000 多千米，是太阳系最大的行星卫星，把它比喻为土星的月亮是再合适不过的了，因为土卫六的自转周期和它围绕土星公转的周期是一样的，也就是说，如果我们呆在土星上的话，永远只能看见土卫六的一面，看不见它的背面。不过这只是土卫六一个有趣的运动性质而已，它还有另外一个引人注意的特点：土卫六是目前太阳系中唯一一颗具有浓厚大气层的卫星，它的大气的主要成分是氮气，还含有少量的甲烷和其他碳氢化合物，这

　　"卡西尼"号还携带了惠更斯探测器，这个探测器被释放到土卫六上，以研究这颗太阳系最神秘的卫星。

些简单的有机物分子被科学家认为是生命出现前不可缺少的物质，不过考虑到土卫六极低的温度，这里演化出生命的可能性很小，但是它却为科学家提供了一个难得的实验室，为科学家解开生命起源之谜提供一定的帮助。

根据现在探测器的观测数据，科学家发现土卫六的表面布满了液体湖泊，不过这里的液体不是我们地球上常见的水，而是液态氮气和其他一些有机物气体，这样土卫六又成为除了

▶ 美国"卡西尼"号飞船拍摄的土卫六的自然颜色

地球以外太阳系第二个具有湖泊的星球。可以想象，土卫六的表面一定是一个光怪陆离的世界，所以土卫六经常出现在一些科幻小说中。不过现在人类还不太可能清楚地知道土卫六的表面究竟是什么样子，因为在它那浓密的大气的重重包裹下，表面被遮挡住了，让人类的探测器无法看清楚它的本来面目。

科学家对土卫六的来历也非常有兴趣，通过现在的观测，科学家相信土卫六不是被俘获的天体，而是一个和土星有着相同起源的天然卫星。但是土卫六大气中氮气含量之高成为一个难解之谜，虽然其他行星大气中也有大量的氮气，但是像土卫六这样含有如此多氮气还是首次见到，目前一个猜测就是土卫六本来拥有更多气体，但是在数10亿年的演化过程中，这些气体分子陆续地丢失了，而氮气却因为低温而被保留了下来，成为今天土卫六大气的主要成分。"先驱者"11号探测器拍摄的土卫六的颜色是橘红色，现在的探测器拍摄的照片也显示土卫六的颜色偏红，一些人认为这是土卫六的大气分子被太阳光中的紫外线分解，然后就向外反射橘红色光的缘故。

目前人类发射的唯一一个探测土卫六的探测器就是"卡西尼"号土星探测器携带的"惠更斯"号探测器，"卡西尼"号在接近土卫六的时候，就释放出"惠更斯"号探测器，然后这个探测器在土卫六重力的作用下进入土卫六的大气，利用自身携带的火箭和降落伞着陆。"惠更斯"号探测器在着陆途中拍摄了许多土卫六的照片，并向人类传送来很多有用的资料，这些资料帮助我们更好地认识了这个太阳系最奇特的卫星。

提坦星上的旅行者

提坦星表面的一些性质和月亮非常相似，它表面的重力加速度和月球差不多，但是因为具有大气，它的表面景象和月亮大有不同。"惠更斯"号探测器在进入土卫六以后，开始了短暂的探测过程，在几个小时的探测时间里，"惠更斯"号探测器向人类发送回来了土卫六表面的第一批照片。从300多年前惠更斯发现土卫六到现在"惠更斯"号探测器登上土卫六探测，人类终于看到了土卫六的表面景象。

天王星

天王星的公转周期相当长，每 84 年绕太阳一周，平均每天只移动 46"，不容易与恒星区分，历史上曾多次被误认为是恒星而被载入星图。

1781 年 3 月 13 日，英国著名的天文学家威廉·赫歇尔在用自己制作的天文望远镜观测天空的时候，无意中发现了一颗以前没有记录的星体，他误以为那是一颗恒星，并以当时英王乔治三世的名字来命名它。但是后来其他天文学家的观测证实这颗新发现的天体实际上是一颗围绕太阳公转的行星，最后这颗行星被命名为天王星。

天王星是近代发现的第一个新行星，它距离太阳约 28.7 亿千米，是太阳系第三大行星。和木星、土星不同的是，这个行星主要是由岩石和冰块组成的，它的大气中大部分是氢气，还有一些氦气和甲烷，但是从整个天王星的物质组成来看，气体只占很少的一部分，而木星、土星主要是由气体构成的。因为天王星大气中含有少量的甲烷，当阳光照射到天王星以后，这些甲烷把阳光中的红色光都吸收了，于是被反射出去的光大多是蓝色和绿色的光，于是我们就看见天王星是蓝绿色的。

天王星是继土星之后第二个被发现带有光环的行星，它的光环中的物质主要是那些漂浮在轨道上的石块和灰尘，这样的光环的反光率很低，因此天王星的光环十分暗淡，难以观测。

天王星最大的特点就是它是一颗躺着旋转的行星，不像其他恒星那样，天王星的极地对着太阳，而赤道地区很难见到阳光。天王星在自己的轨道上运转一圈需要 84 年，这样天王星上的四季和昼夜变化就非常奇特了。当天王星的南极对着太阳的时候，这里就进入夏季，也进入了白天，

天卫一

天卫二

天卫三

天卫四

▎ 天王星的卫星

天卫五

这个白天非常漫长，要持续长达42年的时间；当白天过去以后，接踵而来的就是漫长的黑夜，同时也是寒冷的冬天，这个黑夜也要持续42年的时间。从天王星被发现到今天，它只围绕太阳旋转两圈半，只过了3个夏天和2个冬天。天王星也会自转，它的自转周期可短得多了，只有15个小时，不过这对天王星的白天黑夜变化影响不大，只有赤道附近极小的区域里会因为天王星的自转而产生昼夜的变化。天王星的自转方向和其他星球不一样，因为它是躺在轨道上的，所以我们看它的自转，就好像我们站在地球南极上空看地球自转一样。时至今日，人类还不知道天王星为什么会躺在轨道上旋转。

天王星也是一个拥有众多卫星的行星，到现在为止，人们已经找到了17颗围绕天王星运转的卫星，这些卫星大小不一，其中最大的卫星是天卫四，它的直径约有1600多千米，而最小的卫星的直径只有480多千米。这些众多的卫星可能是来自宇宙空间之中，它们在运动的时候因为过于接近天王星，因此被天王星俘获，成为了天王星的卫星，围绕着天王星转动。

现在唯一一艘接近过天王星的探测器就是"旅行者"2号，它在靠近天王星的时候曾经拍摄了大量天王星的照片，并发现了很多天王星的卫星，它的发现也激励了人类探测天王星的好奇之心。

天王星轨道的变化

自从天王星被发现后，天文学家很快就发现天王星的轨道和理论计算的不符合，于是有一些科学家猜测在天王星附近还存在一颗大行星。最后人类找到了这颗大行星，它就是海王星，这个事实不仅证明了牛顿万有引力定律的正确性，而且还为新行星的发现开辟了道路。

海王星

　　海王星是近代发现的第二颗大行星，有趣的是它第一次出现不是在天文望远镜里，而是在科学家的笔尖上，因为这颗大质量的行星对天王星的轨道产生了非常明显的影响，所以亚当斯和勒维耶通过这个影响计算出了海王星大概的运行轨道。1846 年 9 月 23 日，德国柏林天文台长伽勒在勒维耶计算的区域内找到了这颗新行星，证实了天王星轨道变化的确是由其他行星的吸引造成的。后来这颗新行星被命名为海王星，海王星也被人们称为"笔尖上的行星"。

　　海王星轨道距离太阳大约有 45 亿千米，它围绕太阳公转一圈需要 164 年，从被发现到现在，海王星还没有走完一圈轨道，但是海王星自转的速度却很快，只要 22 小时，它就可以自转一周。海王星的结构和天王星十分相似，它也有一个由岩石和冰组成的行星核，它的大气的主要成分是氢和氦，还含有少量甲烷等气体，这些气体使它成为一个蓝色的星球。因为海王星离太阳实在太遥远了，因此在海王星上看到的太阳十分昏暗，而整个海王星几乎是没有白天的世界。远离太阳的另外一个结果就是温度极其低下，据推测，海王星上的温度只有零下 220 摄氏度左右，在这样的低温下，海王星表面许多气体都凝固成冰。不过有的科学家认为海王星获得的阳光无法维持这个温度，海王星的温度可能会继续降低。

　　作为一个气体行星，虽然海王星上十

海王星上的"大黑斑"

▼ 海王星

分寒冷，但是它表面的风暴却非常猛烈。据探测，海王星上风暴的速度是太阳系所有行星风暴中速度最快的。在"旅行者"2号探测海王星的时候，它还发现了一块巨大的黑斑以很快的速度扫过海王星表面。这个黑斑就是海王星上剧烈的大气运动的证明，不过因为现在观测资料实在太少，所以科学家还不能确定大黑斑形成的原因和它的性质。

▶ 海卫一拥有太阳系中最冰冷的表面（零下 235 摄氏度），它被冻结的氮和甲烷所覆盖。

现在人类已经知道海王星至少有 8 颗卫星，除了个头较大的海卫一以外，其他 7 颗卫星都是"旅行者"2 号发现的，海卫一的半径约有 1 300 多千米，是海王星最大的卫星，而其他的卫星都非常狭小，最小的卫星海卫三的半径只有 29 千米。现在，通过分析观测资料，一些研究者提出海王星卫星海卫一可能具有大气，它的大气中含有甲烷，如果这个推测得到证实，那海卫一就成为太阳系里第二颗具有大气的行星卫星。

作为一颗巨大的气体行星，天文学家们纷纷对海王星是否具有光环非常感兴趣，并做过多次观测，但是始终没有发现海王星光环的踪迹。20 世纪 80 年的时候，天文学家们希望通过观测一次海王星遮掩恒星的天象来确定海王星是否具有光环。当掩星天象开始的时候，很多天文学家观测到恒星在被海王星遮挡住以前，亮度发生了周期变化，这证明了海王星的确具有一条不连续的光环，后来当"旅行者"2 号对海王星做了近距离探测以后，天文学家们确定了海王星的确具有 5 个光环。

幸运的观测

因为 19 世纪以前天文学家观测存在误差，所以亚当斯和勒维耶的计算结果与海王星实际运行轨道有差别，如果当时伽勒没有立即按勒维耶的推测去观测，而是晚几年去观测，那么他可能就无法发现海王星了。

天文的故事
TIANWEN DE GUSHI

矮行星

在 2006 年 8 月举行的国际天文学联合会上，大多数天文学家都同意取消冥王星的太阳系行星的资格，而把它和谷神星归为同一类太阳系天体，这一类天体就被称为矮行星。矮行星是一个刚刚出现的名词，它是指那些不符合行星定义、但是又足够大的太阳系天体，这些天体因为与地球等太阳系行星迥然不同的性质而被单独设立为矮行星，随着天文学家的观测，可能会有越来越多的太阳系天体加入到矮行星的行列之中。

在过去，因为天文学家没有为太阳系的行星设立严格可行的标准，所以在任何一个个头看起来够大的太阳系天体都可以成为太阳系行星。比如位于小星星带中的谷神星，它被发现的时候，因为天文学家估错了它的大小，以为它是一个足够大的天体，于是它就成为了大行星。但是后来天文学家们在小行星带中找到了更多类似的行星，因此谷神星后来被取消了行星资格，而被归类为小行星之中。

现在新的行星定义比以前更加严格了，除了具有规则的球状、围绕太阳旋转以外，还要能清理自己的轨道。谷神星显然没有能力清理自己的轨

▶ 矮行星比较

戴丝诺米娅

谷神星　　　　冥王星　奋龙　　　　2005 FY9

2003 EL61　　　赛德娜　　　　夸瓦尔

水星 金星 地球 火星　木星　土星　天王星 海王星

谷神星

冥王星和查龙　200UB313

道，因为在它的轨道上有数十万个各类太阳系小天体，而且和大行星相比，谷神星的体积也很小，但是它却比一般小星星要大，因此在这次天文学大会上它被定为矮行星。

卡容星以前被认为是冥王星的卫星，不过它的半径大约是冥王星的一半，这种现象在太阳系行星中是绝无仅有的，其他太阳系行星的卫星的半径都要比自己的主星小得多，而水星和金星还没有卫星呢。因此卡容星成为与冥王星一样性质的天体。

一颗编号为2003UB313的新太阳系天体是促使天文学家更改行星定义的直接原因，它的个头要比冥王星大，但是却不被视为行星，这样天文学家不得不重新定义太阳系行星，而结果就是冥王星失去了行星资格，成为次一等的矮行星，而在目前人类发现的矮行星里面，2003UB313也是最大的一颗矮行星。现在2003UB313被命名为齐娜星，它刚刚被发现的时候曾经被一些人当作是太阳系第十颗行星，但是随后天文学家发现齐娜星和行星有很大的不同。齐娜星在一个巨大的椭圆轨道上运行，这个轨道的平面和其他行星轨道平面夹角很大，因此它也显得出没无常，这种运动状态使天文学家很难将它归类于太阳系行星之列，最后天文学家只好重新为太阳系行星下定义。

虽然矮行星概念的出现引起了一些反对的声音，但是更多的天文学家认为这会使人类更清楚地认识太阳系天体，为以后人类航天和探索太阳系提供了指导。

▶ 2006年8月24日，国际天文学联合会在捷克首都布拉格召开的会议上宣布将冥王星"降"为矮行星。

新天体类型的诞生

自发现以来，冥王星就被看作是太阳系行星，所以这次天文学会的决定令许多人吃惊，而在历史上像这样改变天体定义的事例很多，比如白矮星和中子星的发现、褐矮星的发现等，都曾经使天文学家更改落后的天体定义，提出新的更合理的定义。

冥王星

核芯

水冰

�◣ 1977年发现冥王星表面是冰冻的甲烷，按其反照率测算，冥王星的直径缩小到大约2 700米。

在太阳系行星的位置上呆了70年后，冥王星因为天文学家的新发现而脱离了太阳系行星的行列，进入了矮行星的行列。

关于冥王星的发现，还有一段很长的故事。在19世纪末期，一些研究者计算出在海王星外还存在一个大行星，当然这样的计算是错的，不过还是有许多天文爱好者开始用自己的天文望远镜观测星空，努力搜寻这颗未知的太阳系新行星，美国的业余天文学家洛维尔就是其中一个。为了搜寻这颗被自己命名为"行星X"的未知行星，洛维尔专门建立了一个天文台，利用大型天文望远镜进行搜索，但是在经历了数十年时间的辛苦搜寻后，洛维尔始终没有发现这颗理论计算出来的行星，虽然他尽了最大的努力，但是直到去世，他也没有看见自己日思梦想的"行星X"。在洛维尔去世以后，他的天文台继承了他的遗志，继续搜寻这颗行星。在有目的观测没有取得成效的情况下，在洛维尔天文台工作的年轻天文学家汤薄采用了拍摄比较的方式来搜寻这颗行星。功夫不负有心人，1930年2月18日，汤薄在两张星空拍摄照片上发现一个昏暗的星体，他通过和以前所拍摄的照片对比，并通过连续观测，发现这颗星体是在有规律地移动的。随后另外一位天文学家的观测也证实了这颗星体是围绕太阳旋转的。就这样，"行星X"终于被发现了，随后就被命名为冥王星。

因为冥王星离我们太远了，以至于不能观测得十分清楚，因此当时的天文学家估错了冥王星的大小，认为它是一个比地球还要庞大的行星。虽然一些天文学家对这个结论持有不同意见，但是因为这个观测结果与那个错误的理论预测吻合，所以人们一致将冥王星视为太阳系第九大行星，而冥王星的发现者汤薄也成为一个受世人尊敬的天文学家。

随着天文观测技术的提高，天文学家很快发现冥王星的性质和运动与传统的太阳系行星不太符合，它在一个偏心率很高的椭圆轨道上运行，而且这个轨道面和其他行星的轨道面有较大的夹角。而对冥王星的行星身份冲击最大的是它的大小问题，因为后来更精确的测量使冥王星的体积变得很小，甚至还没有一些太阳系卫星体积大，而冥王星的卫星卡容星的发现也使天文学家开始对冥王星的行星资格产生疑问。总而言之，冥王星自从被发现并成为太阳系行星起，这个争论就开始了，而且变得越来越剧烈，而齐娜星的发现最终促使天文学家重新看待冥王星。

现在我们知道冥王星在远日点距太阳约59亿千米的轨道上转动，它围绕轨道运转一圈需要249年的时间，而我们发现它的时间还不到80年。现在测定的冥王星直径大约有2 300千米，这个大小使冥王星的确不适合被称为太阳系行星。目前还没有人造探测器拜访过冥王星，虽然冥王星不再具有太阳系行星资格了，但是人类还是渴望探测这颗遥远的太阳系天体，现在美国发射了"新地平线"号探测器，预计到2015年的时候，它就会靠近和探测冥王星了。

冥王星和海王星会相撞吗?

因为冥王星轨道的偏心率很大，这样它在运行的时候，就有可能比海王星还要接近太阳，这样这两颗星体的轨道就会有交点，但是因为冥王星的轨道面并不和海王星的轨道面在一起，因此就是达到最近的距离，它们也不会相撞。

▶ 冥王星与冥卫一

小行星带和柯依伯带

我们知道一架探测器如果要去探测木星及更远的行星的时候，它们一般都会选择在金星上先绕一个来回，利用行星引力来使自己到达目的地，这样可以节省很多燃料，这种航行方式叫作引力跳板。而实际上，这样做还有一个目的，那就是选择一个合适的飞行路径，以尽量躲避开一个很麻烦的区域，这个区域就是位于火星和木星之间的小行星带。

小行星带的发现和谷神星有密切的联系，在1801年新年的晚上，意大利天文学家皮亚齐用自己的望远镜发现了一颗小行星，他把这颗小星星命名为谷神星，并认为它是一颗类似地球的大行星。著名的数学家高斯利用皮亚齐观测的数据，计算出了这颗星体的运行轨道，大约1年后，天文学家在预测的区域里找到了这颗星体。在随后的时间里，众多天文学家将自己的天文望远镜瞄准这里，意想不到的事情发生了，在大约同一个区域里，人们竟然找到了好几颗行星。而随着人类天文观测技术的提高，人们发现谷神星所在的轨道位置简直是一个小天体乐园，这里飘散着很多大小不一的小天体，而谷神星也为此失去了太阳系行星的资格。

▶ 小行星撞击地球

据目前的天文探测，科学家估计在小行星带中大约有 50 万颗大小不一的太阳系小天体在运转，它们几乎覆盖了整个区域，而且它们所处的轨道面和八大行星是一致的，因此它们成为人造探测器探索火星外行星的最大障碍。幸运的是，我们使用引力跳板就可以改变探测器的航行轨道，这样就可以避开小行星带中的天体。

直到今天还没有人知道小行星带到底是怎么形成的，一种想当然的看法是一颗行星被粉碎了，然后形成了小行星带，但是这种说法有诸多无法解释的现象。所以现在越来越多的科学家倾向于认为小行星带中较大的天体都是原始的物质自动冷却形成的，而小天体可能是它们抛撒出去的物质，有一些小天体也可能来自更远的地方。

实际上像小行星带这样的天体结构在太阳系并不是唯一的，太阳系还有一个小天体聚集区，因为这是美国天文学家柯伊伯最先提出来的，因此这个小天体聚集区被称为柯伊伯带，现在冥王星、卡容星和齐娜星都属于柯依伯带中的物体。柯依伯带在海王星以外的区域，这里被微小的太阳系天体占据着，这些小天体主要是石质物质和冰组成的，冰的含量更多一些，这些小天体也在围绕太阳运转，现在天文学家认为这里是那些短周期彗星的来源地。

柯依伯带中的很多天体都是由纯冰组成的，现在科学家认为这里的物质是太阳诞生初期抛撒出来的物质，它们大量地聚集在这里，然后凝聚在一起，形成了一个范围广大的小天体区域。

▼ 小行星的体积都非常小，据估计，最小的小行星直径还不足 1 千米。在历史上，一些小行星曾经被认为是和八大行星是一样的大行星。

彗星

在人类进入文明史以前，人类就发现了一类带着长长的尾巴的星体，这种星体就是彗星。隔上一段时间一颗彗星就会来一次，因为它的样子实在是古怪，地球上很多古老民族都认为彗星是不祥的征兆，但是今天，我们知道了彗星与人类生活关系不大，只要它们不是来地球做客就行。

遥远的彗星不是很明显，因此很难辨别，但是它接近太阳的时候，彗星就会发生变化。首先，因为靠近了太阳，所以彗星头部的物质会变得发散，使自己体积变大；其次，强烈的太阳风会把彗头上一部分物质吹散，这些被吹散的物质脱离了彗头，飘散在彗星背后，形成一个十分巨大的尾巴。因为彗星的尾巴是太阳风吹出来的，所以彗星的尾巴一般都是背对太阳的。

现在我们知道彗星上的物质大多是冰，只有彗核部分是坚固的物质组成的。当彗星从遥远的太空飞向太阳的时候，它们的亮度也会变得越来越高，这是因为在靠近太阳的时候，彗头的表面积增大了，不仅如此，彗星的尾巴也变得更大更明亮了，这个时候在地球上看来，彗星将成为除了月亮和太阳以外星空中最明亮的星体。

考虑到其他行星几乎没有水分，而地球却含有大量的水分，因此一些科学家猜想地球上的水是彗星带来的，现在支持这个观点的人越来越多了。在太阳系形成早期，那个时候太阳系小天体的数量非常多，而地球也经常被这些小天体撞击，彗星就是这些小天体的一种。彗星携带有大量的冰，当它撞击到地球上以后，就会把自己携带的冰也运输到地球上，因为地球的温度高，因此这些冰融化成为液态水，而海洋也出现在地球上。

虽然从古至今不知道有多少彗星从地

1997 年 3 月 27 日摄于意大利的海尔-波普彗星

彗星形成时的运行轨道是圆形的，但是如果它们从距离行星很近的地方经过时，彗星的运行轨道就会在引力的作用下迅速变成非常明显的椭圆形——这就是为什么我们很少在太阳系内看到它们的原因。

球上空经过，但是最著名的彗星却是一颗名叫"哈雷"的彗星，这是为了纪念他的发现者哈雷而命名的。在17世纪的时候，英国著名天文学家哈雷对一颗彗星产生了兴趣，在牛顿的帮助下，他通过努力计算出了这颗彗星的运行轨道和公转周期，并预言这颗彗星会再一次出现，但是哈雷却没有等到这一天。后来，在哈雷预测的时间和位置上，人们果然发现了这颗彗星，于是这颗彗星就被命名为哈雷彗星。哈雷彗星是一颗公转周期为76年的短周期彗星，而天文学家发现了40多颗像它这样的短周期彗星。有一类彗星的运转周期特别长，达到了成百上千年，这一类彗星被称为长周期彗星。周期彗星都是在围绕太阳的椭圆轨道上运转，但是有一些彗星的轨道却是另外一些形状，比如抛物线型，这些彗星最后不是消失在太阳系里，就是一去不返。

　　现在一些研究者还认为彗星和地球生命的出现有密切的关系，他们认为彗星为地球带来了有机物分子，最终促使生命在地球上出现，因此现在科学家们对彗星研究非常关注。在2005年7月，美国的"深度撞击"号探测器向一颗彗星的彗头发出了一颗撞击设施，供科学家研究彗核的物质构成。

彗木大撞击

　　在1992年的时候，一颗彗星因为过于接近木星而被木星俘获，这颗彗星没能成为木星的卫星，在它被发现的时候已经因为结构松散而被木星撕碎，这颗彗星后来被命名为苏美克-列维9号彗星。1994年7月，这颗被粉碎的彗星撞击到了木星表面，使人类第一次实际观测到了太空中天体相撞现象。

流星

　　虽然在数十亿的运转岁月里，地球基本上将自己轨道上的小天体清理一空，但是当一颗彗星或其他小天体经过地球轨道的时候，它们还是会在地球轨道上留下大量微小的固态物体，当这些微小的物体接近地球的时候，它们就会被地球的引力所吸引，向着地球坠落。但是地球有着较厚的大气，当这些物体以很高的速度落向地面的时候，它们就会和大气剧烈摩擦，进而开始燃烧起来，在地面上看来，它就像一个划过天空的火球，这种现象就是我们平常所说的流星，而产生这种现象的天体被称为流星体。有的时候，有一些流星非常明亮，这种流星被人们称为火流星。

　　在古代的时候，人们不理解流星形成的原因，就以为这些流星是坠落的星星，所以在亚欧大陆生活的古老民族都把流星和人的生命联系起来，认为一个流星的出现就代表着一个人的死亡。但是今天，流星却成为天文爱好者在观测的目标，而当一个时间内出现的流星次数非常多的时

▼ 美丽壮观的流星雨

候，这种现象就称为流星雨，而流星雨也是非常吸引人注意力的天象之一。

如果流星体含有的化学成分不一样，那么它划过天空时产生的颜色也略有差别，那些含铁元素的流星体会发出黄色的光，而含有镁元素的流星体会发出靛蓝色光芒，含钙元素的流星体会发出紫色光，而含钠元素的流星体会发出橘黄色的光芒。大部分流星体非常地小，但是它们却能发出非常明亮的光芒，即使一颗半径很小的微小物体，在地球大气中高速划过的时候，它发出的光在数百千米以外都可以被人看见。

我们经常会在一些媒体上看到科学家提前预报什么时间会出现流星雨、在什么位置等，这是因为流星雨有固定的来历。它来自穿越地球轨道的彗星遗留的残迹，这些残迹由大量的流星体构成，当地球运转到这些流星体所在的位置的时候，这些流星体就一起冲向地球，于是就形成了壮观的流星雨现象。我国是世界上最早记录流星雨天象的国家，我国的古代史书《竹书纪年》就记录了发生在夏代的一场流星雨，而《左传》则详细记录了在 2 678 年前发生的一次天琴座流星雨。在我国的古代流星雨记录中，关于英仙座流星雨的记录最为著名，这次流星雨发生在 714 年，其规模非常庞大，以至于人们觉得天上的星星都在摇动一样。

毫无疑问，流星会为地球带来大量的物质，但是这些物质对地球的总重量影响不大。据估计，每年有大约 20 万吨的流星体和其他微小物质进入地球，而地球运行到今天已经有 50 亿年了，这样这些宇宙物质就使地球的质量增加了 1 000 万亿吨，但是地球的质量有 60 万亿亿吨，因此和地球总质量相比，这些额外增加的物质的质量实在算不了什么。

流星体以每秒 11~74 千米的速度进入大气层

人们看到的流行的星等为 3.75~0.75

流星出现在离地球 120~80 千米的高空

火球出现在大气层的低端，比正常的流星亮

大块碎石坠落到地面形成冲击坑

▶ 流星体像母亲一样孕育了美丽的流星

陨石

如果一颗流星体的体积比较大，或者结构很稳定，不容易燃烧，那么它们在坠落向地面的时候，就可能没有燃烧殆尽，这样它们的残骸就会落到地面，形成陨石。陨石是非常珍贵的天外来物，它们对科学家研究太阳系天体物质构成和演化有很大的帮助。从总数上来说每年从太空落到地面的陨石的数目并不少，但是绝大部分陨石都落在了海洋、极地和荒无人烟的草原之中，只有极少数陨石会被人们找到。

在远古的时候，人类就可能看见过陨石，在很多古老民族的传说中都有天上坠落石头的故事，不过直到19世纪初期，陨石现象才得到承认，并开始得到科学系统的研究。到了今天，科学家们通过研究陨石，获得了大量关于太阳系天体的资料。

陨石也是由不同的物质组成的，那些几乎全是由石头组成的陨石被称为石质陨石，主要是由金属铁和镍构成的陨石被称为铁质陨石，而那些由石头和金属混合构成的陨

美国亚利桑那州的陨石

陨星在与大气层中的摩擦中燃烧

在撞到地球的时候，陨星外层的岩石粉碎

在陨星撞入地球的时候，冲击波沿地球表面传播开来

由高温和高压引起的爆炸将地球的表面炸开一个洞

▼ 陨石坑形成示意图

石称为石铁陨石。在很早以前人们就发现了来自天空的陨石，不过当时受到人们重视的只是那些有利用价值的铁质陨石，据考证，早在5 400多年前，居住在西亚的赫梯人就开始用铁来铸造一些简单的铁器，而这种铁只可能来自铁质陨石。

到了今天，科学家还不十分清楚陨石的来历，唯一知道的就是这些陨石来自火星以外的宇宙空间，现在陨石最有可能的来源地就是小行星带。小行星带上的星体在木星引力的作用下被甩向地球，当它们足够接近地球的时候，就会被地球吸引，随后这颗流星体就会坠落到地球上。在坠落的时候，流星体的表面会和大气剧烈地摩擦，这样掉落在地面上的陨石表面就会遗留下燃烧的痕迹，这种痕迹很难用人工的方式获得，而在自然状态下在地球上也很难形成有着陨石外表的石头，因此这也是区分陨石和普通石头的标志之一。

作为天外来客，陨石有着许多不同于地球原产矿石的性质，比如铁质陨石含有大量的铁和镍金属，而在地球上金属态的铁是很难存在于自然界中的。另外陨石中还含有许多其他稀有金属，比如金属铱在地球上含量极其少，如果科学家在某个地方发现了大量的铱，那么这个地方就有可能是天外来客的葬身之地。

与陨石有关的另外一个自然景观就是陨石坑，因为地球的表面有着非常复杂的地质运动，而且还有水流和大气影响，因此地球上的陨石坑并不容易保存下来，所以现存的陨石坑是人类研究地球历史和陨石撞击地球的唯一遗迹。一些研究者甚至在南极找到了直径达300千米的陨石坑，我们可以想象一下当时的撞击是多么剧烈啊！

最大的陨石

目前世界上保存最大的铁陨石是非洲纳米比亚的豪巴铁陨石，重约60吨；其次是格林兰的约角1号铁陨石，重约33吨；我国新疆铁陨石，重约28吨，是世界第三大铁陨石；世界上最大的石陨石是吉林陨石，已收集的样品总重为2 550千克，吉林1号陨石重1 770千克，是人类已收集的最大的石陨石块体。

图书在版编目（CIP）数据

天文的故事 / 田雨编. —合肥：安徽科学技术出版社，
2012.3
（中小学生最爱的科普丛书）
ISBN 978-7-5337-5594-2

Ⅰ.①天… Ⅱ.①田… Ⅲ.①天文学－普及读物 Ⅳ.①
P1-49

中国版本图书馆 CIP 数据核字（2012）第 052699 号

天文的故事　　　　　　　　　　　　　　　　　　　田雨　编

出　版　人：黄和平　　　责任编辑：吴　夙　　　封面设计：李　婷
出版发行：时代出版传媒股份有限公司　　http://www.press-mart.com
　　　　　安徽科学技术出版社　　　　　　http://www.ahstp.net
　　　　　（合肥市政务文化新区翡翠路 1118 号出版传媒广场,邮编:230071）
印　　　制：合肥杏花印务股份有限公司

开本：720×1000　1/16　　　印张：10　　　字数：25 万
版次：2012 年 3 月第 1 版　　　印次：2023 年 1 月第 2 次印刷

ISBN　978-7-5337-5594-2　　　　　　　　　　定价：45.00 元